U0191674

# 目 录

重回楠溪江 / 1

桃花源情结 / 6

曲径通幽处 / 9

靠山吃山 / 14

山村初建 / 24

老蚌含珠 / 36

溪边孤帆 / 50

此处空余俏楼台 / 66

屋舍俨然 / 80

后记 / 88

林村临溪住宅（李玉祥 摄）

# 重回楠溪江

　　13年前，1989年，我们到楠溪江流域做乡土建筑研究，工作范围在中游地区，连续在那里奔跑了三年。研究成果出版之后，引起过一些读者的兴趣。事隔十年，永嘉的朋友们又邀我们到上游村落做一些工作。

　　楠溪江是瓯江的支流，瓯江是浙江省南部最大的一条江，干流由西而东，从仙霞岭经枫岭流到雁荡山，最后在温州注入东海。楠溪江在瓯江北岸，由北向南流，汇注瓯江的地方离瓯江的入海口已经不远了，潮水涨落，一直影响到它中游的沙头镇。楠溪江全长145公里，流域面积2742平方公里，这便是现今整个永嘉县的辖境。

　　楠溪江的文明史从下游逐渐向上游发展，经过西晋末年和北宋末年的两次中原衣冠南渡，尤其是五代十国时南闽王氏内乱导致的生民北迁，下游和中游已经人口密集，村聚相望。这些移民，文化水平比较高，很快就使楠溪江中下游村落成为农业经济繁荣的人文荟萃之地。经过他们一代又一代的经营，村落的发育比较充分，除了住宅之外，宗祠、庙宇、书院、亭阁、戏台、牌坊、寨墙、堤岸、水渠之类，凡古代农耕社会所应该有的各类建筑，都已经完备，甚至还有规模不小的园林。到清代晚期，少数几个大一点儿的镇子上，商业街也已经初步成形。

　　不过，楠溪江下游隔江面对城市经济发达的温州，古老的村落早已没有了。上游呢？我们在关于中游村落的研究报告里写道："上游的村子比较贫穷，村落的发育程度低，建筑类型少，规划也不大严谨。"因此，我们的第一次工作就把范围限定在中游。中游村落文化蕴含的丰厚，布局结构的优美，建筑风格的雅致朴实，给我们的研究成果以很现成的光彩。

当时我们对上游村落的评价大体上是正确的，除了昆阳、潘坑、碧莲等几个集镇相当繁华之外，上游山区里大都是些很小的村子，有一些甚至只有篱落三四处、野屋五六家而已。宗祠、庙宇，偶然在几个村子里可以见到，大多规模很小，体制也不完备。不过，我们对上游聚落其实很早就发生了兴趣。1991年，中游聚落的研究到了尾声，最后的一幕便是我和当时的硕士研究生舒楠为了证实楠溪江建筑风格的边界，在烈日直晒之下，冒着40度出头的高温，步行翻过四道山岭，到张家岸、白岩、佳溪和岩龙去过。带路的是一位复员军人，岩头金姓一族，名字里有一个豹字，他拿出豹子般军人过硬的本事来，翻山越岭如履平地，把舒楠累得中了暑，我的旧布鞋双双掉了底，迈一步响两声"噼啪"。虽然相当艰苦，那一趟却很使我们兴奋。那些聚落，挂在山坡上，谷底流淌着澄澈透明的溪水，哗哗地响。轻巧的木屋，错错落落地层层叠在一起，看上去就不是一幢幢的了，好像是一片仙山楼阁。有几个小村，溪水环绕，须得踏着长长的矴步进去。有几个村子连矴步都没有，岸边停靠着小小的竹筏，行人要上筏子，或者撑篙，或者拉着一根架在两岸之间的篾丝缆绳，才能慢慢渡过去。那些村子，即使不在人间之外，仿佛也不在人间之中。凑巧天气多变，偶然有白云缭绕在檐头，灵动幻化，看得我们心迷神摇，不觉就盼望着巫山神女会在这里飘飘然走将出来。

那些村舍，大多也有一定的矩度，因地势变化而稍作自由变化，粗看上去仿佛随宜而生，随兴而长，只求与自然相亲而不受人为的拘束。构架完全是用木材撑起来的。往往用大块蛮石垒砌基座和底层外墙，有光有影，体积感很强，仿佛出自雕塑家之手。但越往山里走，砖石的砌筑部分就越少，到了深林区，有些房子就只剩下一副轻巧的木架子和薄薄的一层板壁了。这样的房子，冬季怎么御寒呢？山风很硬啊！问一问

潘坑村（李玉祥 摄）

山民才知道，这些房子，看上去那么空灵，就因为四面有一圈外廊，每年秋收之后，檐柱间穿上几根横木，把脱过粒的稻草一把一把地搭到横木上，便形成了防风保温的屏障。房子里一冬天都生火盆，烧的是老树兜，火苗虽然不旺，却能保昼夜温和。到来年春天，阳气回暖，便逐渐把挂着的稻草一把把揪下来烧灶火。气温一天天升高，稻草的屏障一天天稀落，到天气热了，稻草也烧光了，房子四面八方都透风，凉快得很。这样一年一个轮回，冬暖夏爽，设想得非常巧妙。或许这也是一种生态建筑设计。我曾经在书本上看到过，两三万里路之外的意大利农村里，有这样的农舍，很佩服它们的巧妙。到了楠溪江上游，才知道原来中外劳动者在这件事上都同样聪明，想到一起去了。

　　楠溪江流域是个国家级的风景区，中游的山水比较柔美，山势缓，河谷宽，波光闪闪，挎着鹅兜到埠头去浣洗的村姑，只要一蹲下在水边，就融进到自然景色里去了。上游则不然，峡谷紧窄，溪流湍急，山坡陡而郁郁森森长满了树木和毛竹，在这样的图画里，最合适的是再画

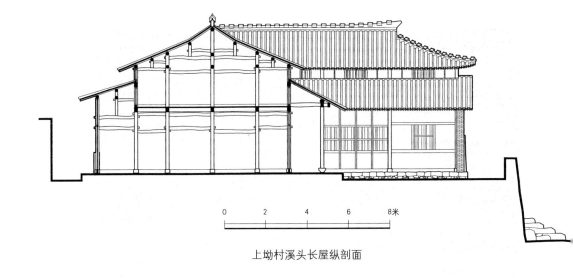

上坳村溪头长屋纵剖面

上一个祖露着紫红色胸膛、挑着沉重的担子翻山越岭的男子汉。

南北朝时候刘宋诗人谢灵运（385—433）曾经当过永嘉太守，他写的诗《登石门最高顶》有句："疏峰抗高馆，对岭临回溪。长林罗户穴，积石拥阶基。连岩觉路塞，密竹使径迷。"石门在楠溪江上游，那里连绵的山岩把路堵塞了，密匝匝的竹林遮蔽了小径，打开屋门便是森林，岩石一直簇拥到台阶下。那种风光是雄浑而苍凉的。

上游山民谋生艰难，远不如中游那样水丰土腴，衣食有余，所以读书科举的成绩不像中游那样出色，但也不是一片荒芜。溪口戴氏，宋代出了几位重要的大学者，不过它处于上、中游之间，且不去说它。科名不断的潘坑、昆阳、碧莲等都是集镇，也姑且不提。远在县境西北林区里的岩龙村，没有几户人家，却有一座建了戏台的祠堂，大门前还立着一对进士旗杆。这个小村，在我和舒楠访问之前几天才通了电，当年的读书郎，临窗夜读，未必会囊萤映雪，那么，是燃着竹篾还是燃着油灯？是柏子油还是桐油？在全国各地农村，不论多么偏僻，多么穷困，我们几乎都可以见到大一统的中华典籍文化鲜明的存在。但是，纵然这样，我还是朦胧地意识到，荒僻、闭塞，过着自然生活的山村，必定有过和中游有明显差异的带着点儿野性的民俗文

上坳村

化。它会反映在物质和精神生活的一切方面，包括房舍和村落。而且也意识到，这种民俗文化正在迅速消失，当前已经所存无几，我们将在不久之后便永远失去它们。

所以，我们心里并没有完全排斥到楠溪江上游去研究几个村子。何况，即使是最贫穷落后的山村，也代表中国农耕时代乡土聚落的一种或几种类型，我们要写出中国农业聚落完整的谱系，当然不能没有它们。于是，2001年春季，我应邀到泰顺去，便先到温州，在瓯北雇一辆出租汽车到了上游的林坑、黄南和上坳三个村落。它们的景观大不同于中游的任何一座村落，更自然、更开放、更亲切，也更具诗情画意，而且建筑风格和岩龙、佳溪相比也颇有异趣。这次访问大大激起了我的热忱，回到北京便向凤凰电视台《寻找远去的家园》摄制组建议，请他们去拍摄这三个村子。这年夏天，他们终于去了，我也跟了过去。一到林坑，摄制组的全体朋友齐声高呼，感谢我把他们带到那里。愉快地拍完之后，8月31日我离开温州，9月2日，摄制组的航拍大师赵群力先生不幸在拍完林坑村之后因飞机失事而殉职。这件意外事故引起了很大的震动，林坑人怀着山民们最真诚、最强烈的感情纪念他，要给他建一座纪念馆，永嘉县的领导人也决意用保护林坑等三个村子来纪念这位杰出人物。于是，我们接受了邀请，在2002年深秋到了林坑住下，以它和黄南、上坳为起点，着手我们的楠溪江上游乡土建筑研究。

# 桃花源情结

　　在楠溪江上游选择合适的研究课题是很困难的。楠溪江是树形水系，在地图上看，它像一棵浓荫广被的大树。它树冠发达，是什么树？不是榕树、樟树，便是槠树、桐树。树的无数细枝末梢，就是那些溪流，向四面八方伸展，一直分布到雁荡山和枫岭的千沟万壑里。那里的聚落小而分散，由于地形的变化大，它们各有自己特殊的形态，甚至一二十里的间隔，连建筑的材料和风格都会不同。

　　13年前我们在楠溪江中游选点的时候，有一个大致的标准，就是村落发育比较健康，建筑类型齐全，文化蕴含深厚，保存状态良好，文献资料如宗谱之类还能找到，等等。但这些标准在上游就不完全适用了。

　　那么，我们问自己，也问朋友们，究竟是什么吸引我们和他们喜爱了上游偏僻而荒寒、建筑类型十分贫乏的小山村的呢？仅仅是因为它们能填补几种聚落类型吗？喜爱那里田园诗和山水画的悠远意境吗？迷恋醇厚朴野的民俗文化吗？为了纪念赵群力先生吗？都好像沾一点儿边，但都不是决定性的。其实答案就在嘴边，说出来就成：吸引我们的，是一种"情结"，一种深深扎根在我们民族精神里的文化情结，那就是"桃花源情结"。我们中国有一个非常漫长的纯农耕文明时期，在那个生活节奏缓慢、眼界狭窄、社会缺少实质性变化的时期，先民们过的是一种自然式的生活。这种生活培育了对大自然的依赖，造成了对世界的不求甚解和心理上的无所作为。经过一些在特定社会状态下的知识精英的美化，依赖变成了爱恋，不求甚解变成了超脱，无所作为变成了清心寡欲、怡然自得其乐的情操。这样的精神价值被陶渊明（365—427）在《桃花源记》里形象地返还给了自然的生活方式之后，一千多年来，我们民族的文化里一直存在着一个"桃花源情结"，不但在诗文里反复渲染抒发，还有许许多多闭塞的、孤独的，但山水风光还能差强人意的小山村，被人们称作"世外桃源"，真真假假地当作理想的寄身之地。

"桃花源情结"流传了这么长久，原因之一是中国知识精英们的社会地位不稳定。在险恶的政治权力斗争中，风云变幻，他们的升降浮沉没有定数，但无论如何，他们大多数人总有一个最后的、最可靠的归宿，那便是退隐田园。所以，即使一时飞黄腾达、炙手可热的人，也要做好归田的心理准备，因此他们对田园生活多少怀有一种聊以自慰的感情，而且赋予它以高尚的道德价值。陶渊明在《归园田居》第一首诗里写道："少无适俗韵，性本爱丘山。误落尘网中，一去三十年。羁鸟恋旧林，池鱼思故渊。开荒南野际，守拙归田园……"这样的诗打动了所有"久在樊笼里"的知识精英们的心。"退一步想"竟是这样美好，这样有面子，使他们能平静地应对可能发生的政坛风云。

现代的中国走出农耕文明还不久，我们的父辈大多和农村有过很密切的关系，所以在我们的精神里，尤其在受过民族传统文化熏陶比较深的人们的精神里，还或多或少、或隐或显地残留着一个"桃花源情结"。在我们匆匆忙忙追赶世界工业文明的时候，世界已经发现了工业文明的一些负面效应。将近一百年前，领一时风骚的未来主义者热情洋溢地歌颂过隆隆的机器轰鸣声和烟囱里喷薄而出的滚滚浓烟，现在，这些已经被诅咒为公害。过于紧张的人生拼搏使一些人感到刻骨的疲惫，心力交瘁，产生了畏惧。于是，不论在中国还是外国，有些人看到了田园自然生活中一些合理的、健康的因素，刮起了一股"返璞归真"的风。这当然是一次高层次上的回归，而一些中国人却牵强地附会出什么"天人合一"这样的"传统文化精神"来，其实就是另一种语言的"桃花源情结"。就在这时候，人们发现，可以被称为桃花源的地方，已经不多了，甚至很难寻觅了。我们还能到什么地方去颐养休息我们的心身呢？我们不得不为一度过多地向自然索取而付出代价了。于是，我们不但从深厚而有惰性的文化传统继承了"桃花源情结"，而且也会偶然从忙碌沉重的现实生活里引发出对"桃花源"的向往。

"桃花源"究竟有什么样的特点呢？第一，完全不理会世事的纷扰，"不知有汉，无论魏晋"；第二，人际关系祥和友爱，看到陌生客人"便要还家，设酒杀鸡作食"；第三，生活简朴而满足，"黄发垂髫，并怡然自乐"；第四，居住环境自然优美，水口外面的桃花林里"芳草鲜美，落英缤纷"，村里"有良田美池桑竹之属"。这样的人间仙境当然要和熙熙攘攘的世界有点儿隔离，于是陶渊明把它藏到深深的水源洞里，而且渔人想再去寻访便"不复得路"了。

拿这几条标准来衡量，楠溪江上游的一些村子，便都是当今难得一见的桃源仙境了。我们一到那里，对它们的历史、社会、文化和生活还一无所知，便被它们吸引，有些朋友简直欣喜若狂，"桃花源情结"就是主要的原因之一。但我们这一次不可能把工作面摊开太大，只能选择几个村子来做，于是我们便先从林坑、上坳和黄南下手，因为永嘉县和温州市的领导人已经决定把它们当作文物保护下来。但当我们着手工作之后，我们便感觉到这工作太难了。因为当我们把历代文化精英们给自然式生活编织的美丽面纱揭开，看到烟火人间的艰辛和矛盾，把"桃源中人"对大自然的爱恋还原为依赖，把对世态的超脱还原为不求甚解，把清心寡欲、怡然自得还原为无所作为之后，我们简直有点儿束手无策了。

但我们渐渐发现我们面对着另一种文化，一种和楠溪江中游大不相同的文化，必须从已经熟悉了的思维模式中解脱出来，换一种眼光去接近它。当我们稍稍了解了一些这种山区居民的文化之后，我们倒又喜爱起它来了，喜爱它的朴实和率真，喜爱它的自然、稚气，喜爱我现在还说不清道不明的一种气息。

# 曲径通幽处

林坑、上坳、黄南三村在永嘉县治上塘镇以北大约80公里，楠溪江主流大楠溪的上游，已经接近源头了。从这三个村子向北走，十几里路，便上了分水岭，过去就是仙居县。它们三个相距很近，从林坑到上坳步行只要十分钟，到黄南半小时就可以了。

它们现在同属黄南乡，过去属五十二都。这里自古以来就是林区。谢灵运有一首诗叫《从斤竹涧越岭溪行》，据光绪《永嘉县志》，斤竹涧就在五十二都。诗是这样写的：

> 猿鸣诚知曙，谷幽光未显，岩下云方合，花上露犹泫。
> 逶迤傍隈隩，迢递步崰岘，过涧既厉急，登栈亦陵缅。
> 川渚屡经复，乘流玩回转，蘋萍泛沉深，菰蒲冒清浅。
> 企石挹飞泉，攀林摘叶卷，想见山阿人，薜萝若在眼。
> ……………

写的是山高谷深，草深林密，溪涧回环，野兽出没。而且洪莽未辟，路人还要登临栈道才得通行。2002年11月，我们来到理只村（古名里崔），海拔虽然只有400米，但东望海拔一千两百多米的四海山林场，峰峦一层层一直叠到天边，竹木森森，两条谷底里溪水如带，泛着白光，到我们脚下相汇。那气势雄伟得惊心动魄，或许当年谢灵运见到的，就是这样的风光。

到楠溪江上游去的交通一向很艰难，都靠在盘旋的山路上步行。林坑、上坳和黄南，直到1991年修成了一条很窄的到仙居去的砂石公路之后才通汽车。那年我们乘着三个轮子的"蹦蹦车"到上坳南邻李家坑去测绘一座风雨桥，还是这条公路的早期旅客。现在这条路正在改造，叫作41号省道，是一条战备路。

2001年春3月，我初次到林坑去，在瓯北码头乘了一辆出租小轿车，逆流而上，穿过整个楠溪江中游。芙蓉村、岩头村、苍坡村，这些十年前工作过的村子，一一在左手边掠过。右手边蜿蜒着清澈的江水，时时有茂密的滩林把它渲染得生气勃勃。钻过渡头村西北的山洞，公路过桥到了江东，河谷渐渐窄了，于是一丛丛杜鹃花就从山坡坡上向车子扑来。到了上游和中游交界的溪口村，我下车去看了一看，这是在宋代出过几位大理学家的村子，十年前我们曾在这里工作，现在旧貌彻底换了新颜，连当年戴氏族人引为无限荣光的圣旨门也改造成了贴白瓷砖的小楼。一时兴味索然，上车继续往北。大约三个小时吧，到了黄南口，这里是大楠溪上游两条溪流的交点。东侧的是黄山溪，西侧的是黄南溪，靠近交点，黄山溪上架着一条五跨石拱桥。过了桥，沿黄山溪北岸走，公路绕过一个山岬，正在改造的公路在这里打了一条隧道，还没有衬砌，不能走车。往前走，便是有一座风雨桥的李家坑。这是一座古村，"屋合俨然"，不过老房子比十年前我们在这里测绘的时候更破烂了。新房子布局很杂乱，已经堵到了桥头，它们一般比老房子质量高，但农村的新房基地归土地管理部门划拨，不是"见缝插针"利用老村里的空地，就是干脆"拆旧建新"，利用老房基地，因此，根本不可能考虑整体的规划，老村破坏了，新村也乱七八糟。这是到处都有的现象，我只有叹息，像见到老朋友患了不治之症。

过了李家坑，黄南溪的山光水色变了样，山谷更窄了，山坡更陡了，溪里出现了一处处礁石、浅滩和碧绿的深潭。水声哗哗，回荡在两

林坑村（李玉祥 摄）

岸的石壁间。穿过一个峡口，再转一个弯，眼界忽然开阔，溪对岸出现一带房子，有高高的蛮石墙护着，墙后，房屋画出错错落落的天际线，几堵山墙上，原木构架在白粉壁衬托下勾出轻巧的图案，薄薄的屋坡和腰檐飘扬得老远，屋脊那一道楠溪江建筑特有的曲线，那么柔和，那么微妙。这小小的村子，看上一眼，人心就会软下来，感到生活的亲切。这就是上坳村。

　　溪这边，正对着上坳村，有一个小小的山口，车子左转弯往里一拐，从这时候起，我就成了那个捕鱼为业的武陵人了。山谷幽深，路右边一条小溪，缘溪而行，听溪声哗哗啦啦。对岸，紧贴着溪水，陡然耸立起一堵几十米高的崖壁，挂满了藤蔓薜荔，长满了苔藓薇蕨，苍劲突兀，森气逼人。这崖壁叫"大肚崖"，很有林区山民声口的特色。这段小溪就叫"崖塴下溪"，也是顺口而来。我立刻就感到这些名称和中游"芙蓉崖""五鹅溪"那种由读书人咬嚼出来的雅号的鲜明对比。崖壁尽处，小小一座庙宇蹲在临溪的一座高台上，这便是林坑的小水口了。

黄南村住宅屋顶

小水口更狭窄，把路逼得绕一个弯。前面只见群山簇聚的一个深谷，估计林坑村就要到了，我默默念着"只在此山中，云深不知处"。绕过水口，怀着对大自然的敬意下了车，大约走了百十来步，山峦忽然稍稍后退，让出一片小小的盆地，迎面一座长满了参天大树的小山包，抢前一步挤进盆地，把它分为两岔。岔里各有一条湍急的小溪奔腾在大大小小的礁石间，激起浪花飞沫，滋润得空气清爽新鲜。站在两条小溪的汇合处，抬头四望，我先是一惊，立刻就兴奋起来，眼前是仙山楼阁，循周遭山坡一层层重叠上去，构架玲珑，轩廊空阔。但它们又绝不是仙山上的琼楼玉宇，原木蛮石，粉墙黛瓦，梁前翩跹着紫燕，檐头缭绕着炊烟，分明是农户人家。衣衫鲜艳的孩子们趴在美人靠上，呼唤着溪边大石上洗衣的姐姐和妈妈。也许是太清秀了，洁白的鸭子围着她们浮来浮去，不肯离开。四面层叠的楼台上，有一些通透的大敞间，老人们闲闲地坐着，抽烟，轻声聊天。这不就是"黄发垂髫，并怡然自乐"吗？

林坑村住宅的屋顶

这儿是林坑，这儿是"秦人旧舍"。沉淀在心底的"桃花源情结"，一下子苏醒过来了，这正是一千多年来中国读书人朝暮渴望的田园。

现在，它在谢灵运歌吟过的奇丽环境中展陈在我面前，山水之美和田园之情，那么和谐地结合在一起。陶渊明的桃花源是虚构的，作为安抚"池鱼"和"羁鸟"们的梦。我眼前的林坑，这一幅醉人的图画，也会掩盖历史的和现实的种种矛盾，但我不愿去触动它，我需要休息、放松，我需要幻想中的宁静和安详。

这个在中国知识分子心理中因袭了一千多年的重担，也同样压在在乡文人的心中，渗透到农耕文明里去。我们曾经有许多次，看到宗谱里族内高人逸士的小传中常用的赞辞"足不践城市，身不入公门"，赋予这种体制外的自由生活一种道德价值。也曾经多次看到，在长长的龙骨水车上，一节一个字，写着"五日一风，十日一雨，帝力于我何有哉"，只要风调雨顺，五谷丰登，就什么都不在乎了。这是一种生活和心态上的满足，而"知足常乐"，就是所谓"农家乐"。

# 靠山吃山

楠溪江上游，北邻仙居、黄岩，是中亚热带北缘森林植被区，现在是温州市的用材林基地，海拔1000米以上大多是灌木丛，1000米以下，是阔叶树和针叶树的混交林，主要树种是黄山松、马尾松、杉、柳杉、柏、檫、槠、樟、木荷、泡桐，还有毛竹。经济树种有油茶、油桐、乌柏、板栗、柿、茶、杨梅和梨。

林坑、上坳、李家坑和黄南村都在黄南乡。黄南乡有两万一千亩竹林，占全县1/3，被称为"毛竹之乡"。

黄南乡中部有旧五十二都，谢灵运写过《从斤竹涧越岭溪行》诗，据《永嘉县志》，斤竹涧就在五十二都。我们在黄南村看到《潘氏宗谱》，把黄南叫作篁南。这样看来，黄南乡盛产毛竹有很长久的历史了。可惜，1958年，大炼钢铁的时候，全县集中两千五百个劳力砍竹子当燃料，当年就砍了将近四十万支，竹林损失很大，直到1989年才恢复。在这三个村子，我们放眼四望，山上郁郁葱葱，颜色深而暗的是松、杉，颜色嫩而亮的是毛竹。2002年深秋，看到山上点缀着一丛丛鲜黄和艳红，那便是些落叶阔叶树了。也有许多常绿阔叶树，远远地从茂林的轮廓上很容易辨认出来。经济树种大多种在低山、山脚一带，便于管理。

林产品不能吃，山民也得耕种田地。田地很少，而且零碎，都挂在山坡上。"有山便有水"，"山多高，水就有多高"，所以山上也能种稻子。有足够的水种稻子的耕地叫"田"，田要平才能蓄水，因此它们便被修整成一层一层的梯田。1949年土地改革的时候，三个村子平均每口分得八分田。当时水稻产量很低，每亩只得一二百斤，不够吃。靠种"地"补充。"地"，就是没有水可浇的旱地。林区地旷人稀，山民在没有竹木的荒地上除草播种，就可以自行收获，种的是苞谷和番薯。苞谷和番薯耐干旱，可以粗放种植，产量又高，过去是山民的基本口粮。我在刊物上见到，有研究者认为，中国人口的大量增殖，是在这两种食物从外国引进之后，是它们养活了稻麦养不活的人口。至少在楠溪江上游，这个论断是可以得到证明的。现在，三个村人口大增，每人平均只有三分多一点的"田"，不过，由于改良种子，施用化肥，水稻产量提高到了每亩四五百斤，特别好的可以达到千斤。而且，20世纪90年代以来，村民大量外出打工、经商，留在村里的，只有老人、孩子和一部分妇女。所以稻米不但家家够吃，而且绰绰有余。只有靠农村经济结构调整，剩余的农业劳动力向工业、商业和服务业转移，农民才会富裕起来，这也是可以得到证明的。看来，陶渊明笔下的那个自给自足、与外界完全没有一点儿联系的桃花源，只能是个虚假的幻想。"桃花源情结"不过是身心疲惫的人们的一种安慰剂罢了。"足不践城市，身不入公门"早已失去了道德意义，现今，村子里年轻人，读几年书，向往的不是"进城市"去经商，便是"入公门"去吃公家饭。

过去，土地改革以前，山林的产权有多种形式。近山有少量是私有的，寺庙有"寺庙山"，宗族有"众山"和"风水山"，人迹难到的荒山、远山，则多是"官山"。土地改革以来，从1951年到1981年短短三十年间，经过山林土改、山林入社、山林"大统"、山林归队到山林"三定"各种变化。1958年大炼钢铁，全县调12万劳力，烧炭当燃料，每夜烧1万窑，供263座高炉用，山林损失很大。1968年，永嘉竟从木材调出县变成了缺材县。现在这三村的情况是，山林公有，封山育林，不得砍伐。1985年以前，还有些村民烧炭，卖给城里人取暖，"满面尘灰烟火色，两鬓苍苍十指黑，卖炭得钱何所营，身上衣裳口中食"，或许正是这些山民生活的写照。但为了保护山林，以后就禁绝了。村民造房用木材也要经乡里按标准额度批准，林木蓄积有所恢复。山上有划定的杂木林供村民打柴，现在随着出去打工的人增多和罐装石油气逐渐普及，采薪量趋向减少。罐装石油气有经销商定期运到村头，不过，石油气太贵，15公斤一罐要七十几元，所以除了急用外，一般都还是烧柴。只有几户经商、打工收入多一点儿的，才舍得多用。分到各户的是毛竹林，因为山上地质和地形变化太大，所以不按面积分，而是按竹子的株数分。那是1981年到1983年间分的，现在随各户养护和砍伐的不同，株数会有变化，但不再调整，因为当时政策就是"三定"，山权要稳定几十年。

木材管住了，如今村民的林业收入只有卖竹子。毛竹的生长分大小年，两年一轮，小年休养，大年不但砍竹，还可以挖笋，鲜吃、晒干，或者卖掉一部分。2002年正是大年，我们11月下旬在林坑住下，村头堆着许多毛竹。各家砍下自己的，背下山来，村头这里有本村人收购。每隔些日子，便有大运货车开来，再次收购运走。"上车价"是每一百斤19元，二次收购人把竹子运到乐清、黄岩去卖，每一百斤卖到二十四五元。村子里青壮年大多出去打工了，背竹子下山的苦活，常要雇人干。应雇的也主要是老人和妇女，甚至有74岁的老人还在背。新鲜竹子很重，每次背两三根，约莫一百斤上下。有一天，五六个人从林坑村北的山坡上往下背，我站在路口统计，大约二十分钟一趟，问一下，可得五元钱。有一位妇女，总穿着一件红衫子，背得比别人多，走得比别人快，别人背四趟，她能背五趟。我乘她挂上棍子在桥头休息，跟她聊了几句，她姓潘，娘家在李家坑，今年三十几岁。听人说，她丈夫也在村里劳动，没有出去，一家子辛辛苦苦，但大概是本村最穷困的，连房子都没有。看来，单纯靠勤劳是致不了富的。我想想，几十年来，"勤劳致富"算得上是教给农民的最响亮的口号了，但它和"桃花源情结"一样，也是虚构的。不改变农村的经济结构，把农民束缚在土地上，农民永远过不上好日子。就说这竹子吧，每户每两年卖竹只可得五六千元，

林坑村廊桥（李玉祥 摄）

如果加一点儿不需要多少技术多少设备的工，比如编帘子、席子、各种简单的日常用具，在城市里就能卖很好的价钱，为什么不呢？甚至，几个村子里都有人生一把火，把竹梢上的叶子烧掉，揉干净，扎成把，每把只两角多钱卖到乐清去，乐清人把它们扎成扫帚，一把就可以卖好几元钱。难道这点儿技术都学不会吗？我把这问题去问村民，他们的回答，有的是说没有收购和销售的路子，有的说没有人投资。看来，只有劳动力和自然资源，没有资本和经营，经济是发展不起来的。就像岩龙村的进士旗杆多少改变了我对科举制度的看法一样，这三个村子多少改变了我对资本和经营的看法。

如今往外运竹子用汽车，但仅仅十年前，这里还没有公路，竹子外运都靠水运。连村子里三十岁刚刚出头的人，都有过在溪上放竹排的经历，至今说起来还神采飞扬。竹子都是扎成排子，在溪里漂流出去的。排子像火车一样，一节一节连接成一长串。头上的一节，挑选差不多长短的竹子，8至10根竹子整整齐齐扎成长方形的排子，上面比较平整。后面的排子，每个二十来根竹子，大约一千几百斤，把梢头捆在一起，根部自由散开，近于三角形，尖端朝前，浮搭在前面排子的尾部，不用捆绑，一个个如此接上去，连成一串，水小的时候少几节，水大的时候多几节，最长的能有十几二十节。放排子的人站在第一节上，拿一支篙，稍稍操纵一下。

我看溪水很浅，便不解地问，这一点儿水怎么漂？人们说，只要有一尺水头就能放排。一路上有礁石浅滩，排子磕磕碰碰也过得去。放排的技术主要就是要在排子上站得住。遇到落差大一点的段落，一不小心撞上礁石，人就会被震下水，好在水不深，打个滚，爬上排子再走。偶然在浅滩上搁住了，便跳下水去扛一下。所以，放排人都习水性，天暖的季节往往赤身露体，吊儿郎当。

2003年3月初，我第四次去黄南乡那三个村子，在永嘉县城会见县志办公室的李昌贤先生，承他给我看了新编县志的打印稿。那上面写着，流经黄南村前面的黄南溪平均比降为15.5‰，上坳村前的黄山溪平均比降为38.25‰，落差都很大。两条溪在黄南口汇合之后叫岩坦溪，排子放到黄南口，一小部分在那里被收购，大部分重新编成大排子，继续往下放到沙头镇，那里是楠溪江竹木的集散地。虽然一路不到100公里，排子却要漂流两三天。排工们晚上停宿在水涯滩边，就在最前面的排子上，用红泥小火炉做饭，也在排子上面睡觉。这生活如果落在诗人眼里，一定会有灵感喷涌而出，但排工们大概不会有多少浪漫的情思，哪怕薄云笼月渔火闪烁，哪怕水拍沙岸霜声窸窣。

放竹排的工资比较高。上坳村的上游，包括林坑，不能放排，竹木都要先背到上坳，再编排下放。上坳得到这份地利，青壮年都精习水性，娴于放排，所以经济一向比林坑好。黄南村上游从岩门下村便能放排，村民占不了便宜，不过也不吃亏。林坑村在这件事上很吃亏。"文化大革命"时期，林坑有两个人到上坳参加放排，一天能赚15元工资，一趟来回还可以得二三十斤"粮票"补贴，便是他们二位，在全村率先造起了新房子。1991年通了汽车之后，竹子不再编排漂流，上坳村的经济优势失去了。不过很快掀起了打工潮，即使再漂竹排，村里也没有青壮年肯来干了。

除了竹木，楠溪江上游还产柿子。1960年前后大饥荒时期，政府曾经提倡种"木本粮食"——栗子和柿子，1988年至1990年，又一次推广种植。柿子的品种很多，林业部门不断改良，良种有东皋无核柿、水扁柿、西山八月红等几种。1990年秋季，我们在蓬溪，坐在康乐亭边农家的屋顶上摘柿子吃，很甜，大约那就是东皋无核柿吧。2002年11月我们又到上游工作，柿子已经收回家，几乎家家都晒柿饼，大筻笋摆得到处都是，刚刚晒成半软半干，正是最好吃的时候。我们不论走到谁家，一定有这样的好东西招待。每天薄暮，同学们回到住处，就纷纷从衣袋里掏出一堆来。加上各家送的花生和柚子，晚上核对完测绘手稿，谁的嘴都不闲着。

柿饼是削了皮晒的。削下来的皮也晒干，磨成粉，过年的时候做糯米麻糍，外面就沾上这么一层粉，既防麻糍乱粘成一团，又有一点儿甜味，好吃。柿饼晒干了会变黑，不好看，柿皮一直晒到干透都是红彤彤的，而且依然发亮，所以麻糍的颜色也就会温暖有喜气。晒柿子皮也是村子景观的一大点缀，溜圆的筻笋，铺匀匀一层鲜艳耀眼的柿子皮，放在蛮石垒的矮墙上，苍老的村子都映照得年轻了。还有些人家，把柿皮直接放到溪边黝黑的大岩石上去晒，金红闪闪更有山区自然生活的趣味。

山上还有些零星的柿树，大约是主人外出打工去了，小灯笼般的果实挂满枝头，没有采摘，跟各种不知名的红叶树一起，给山坡涂抹一笔浓浓的秋色。

过去，林区还有两种重要的经济树木，一种是乌桕树，一种是油桐树。油桐籽用来提炼桐油，桐油曾经大有用途，可以点灯，可以调制油漆和腻子，可以直接刷在木器上防水。利用它的防水能力，还可以制作油布。在工业材料发明之前，油布是做旧式雨伞、雨衣和苫布的材料，销量很大。1935—1947年间，县农林场推广油桐，1939年产桐籽25650

屿北村（李玉祥 摄）

担，1947年一年全县就新种油桐树近3万株。山区农民把桐籽挑到沙头镇卖掉，然后到乐清买了粮食挑回来，虽然要走两三天山路，非常辛苦，不过毕竟是一笔收入。"文化大革命"时期产量严重下跌，1975—1979年间每年收购量不足一百担。1978年，政府大力鼓励种植油桐，永嘉县被命名为油桐基地重点县，1983年恢复到产桐籽4240担。但这时恢复油桐生产却又很盲目，因为桐油已经没有用处了，照明有了电灯，油漆原料用了化学产品，雨布也被塑料膜代替了。于是，油桐树林又重新荒芜，终被砍伐殆尽。1990年，我在5月份到楠溪江，那时还能见到不少油桐树甚至油桐林，正逢桐花烂漫，像亿万只粉蝶遮天蔽日地翻舞翩跹。听说油桐树失去了经济价值之后，我曾经三番四次地向县里建议，把它们当作观赏树来种植。楠溪江是国家级风景区，应该有自己独特的风景树，这油桐就很好。每年五月，办个"桐花节"什么的，多么有特色。花期过了，油桐树树冠发达，叶子比巴掌还大，姿色也很美。但种树是多年才会见效的事，急于见政绩的人等不及，所以言者谆谆而听者藐藐，终于毫无结果。

乌桕树过去也很多，桕籽成熟之后，外面有一层白色的蜡，可以熬成皮油，是制造土烛的原料。里面的硬籽有仁，可以熬青油，用来点灯。整粒的桕籽也可以点燃来照明，不过烟气太大，只能偶然一用。1935年，永嘉农林场曾经推广过良种，有长穗桕、大粒桕、多义桕等几种。1939年全县产皮油1388担，到1972年上升到2714担。和桐油一样，现在桕籽油已经失去了经济价值，先被石蜡代替，后来又被电灯代替。只有庙宇和祠堂，礼神敬祖还多用土烛，保存一点点销路，数量当然很可怜。1996年以后，乌桕树也被大量砍伐，几乎没有了。其实，乌桕树也是很好的观赏树，一到秋天，叶子转成浓重的血红色，阳光逆照之下，像一团熊熊燃烧的烈火。再点缀一些猩红的、浅绛的、金黄的和坚持不变其绿的叶子，辉煌灿烂至极。村里的老人们说，过去，山脚溪畔，种得满是油桐和乌桕，春花秋叶，两季山色醉人。2002年晚秋，我们到林坑等三村工作，萧瑟西风中，偶然见到从残存的树桩上顽强地长出来的细枝上有几片通红的乌桕叶，跟白头的芦花一起颤颤抖抖，心里又喜悦，又惆怅，既然它们乐于渲染景色，为什么不让它们遂愿呢？国家级风景区里怎么可以没有这样多情的风景树？

据说，砍油桐树是村民嫌它们的树冠过于遮阴，会妨碍农作物成长，砍乌桕树是为了要它们的木材，坚硬而致密，用来做弹棉花时的棒槌和压花板。永嘉人出外打工，重要营生之一便是弹棉花。不过，主政的人，最好还是比农民想得全面一点儿，长远一点儿。何况山脚溪畔，可以种三五棵树的荒地还多得很。1935年推广这两种树的时候，恐怕也不会以减少粮食为代价的。

山上林子里野生着许多可以吃的植物。由于1958年"大跃进"的浮夸风造成过度的征粮，共产风又导致公共食堂无节制地浪费粮食，发生了从1959年到1961年连续三年的全国性大饥荒，楠溪江上游贫穷的林区村落里就靠这些野生植物救命，饿死的人，比中下游富裕的农业村少得多。可吃的植物主要有：大叶蒿、野芋头、芋根、松花粉、蕨芽、蕨根（乌糯）、葛藤根（淀粉）、紫月、鸡宫皮、粽箬籽、蛮菜（苦菜）、黄勾巴。总之是"靠山吃山"，有点儿灾荒饿不死人。不过，黄勾巴吃了会肚子痛，吃了松花粉会便秘。大饥荒年头，林坑、上坳各死了两个人，黄南死了一个，都是老年人，就是吃了松花粉，排不出便来憋死的。一位年轻人对我说，那是因为肚子里没有油，如果现在吃松花粉，配几块肥肉，也不会憋死。这真叫"饱汉不知饿汉饥"，年轻人太有福了。

　　林坑村有一段民谣，说的是，老年代里，"三月荒，芥菜汤；六月荒，蛮菜汤"。三月份是陈粮吃完，早稻未收，六月份是早稻吃完，晚稻未收，那两个时节靠野菜接济度荒是村民常有的事。又有一首民谣也说的是老年代的事："山头三件宝，乌糯当早稻，火篾当灯草，柴档当布袄。"乌糯就是蕨根，满山都长。三月份闹荒靠乌糯也能接上断档，所以说它可以当早稻。火篾，就是专门用来点火照明的竹篾。把竹子剖成大约1.2厘米宽、两三毫米厚、五六十厘米长的小段，成捆浸在水里半个月左右，捞起来晒干，点燃了用来照明，烟少，不容易熄灭，所以叫火篾。家里用，赶夜路也用。我小的时候，常常和小伙伴一起，晚上点起火篾，到溪沟边用一种专门编成的竹篓捉泥鳅，很知道这种东西。但是柴档是什么呢？几个人说起来发音不完全一样，怎么写？说来说去，大约就是树兜、藤根、灌木桩一类东西的总称，可以烧来取暖的，所以说"当布袄"。说布袄而不说棉袄，是因为不论多冷的天，往昔的山民们很少穿棉袄，并非不觉冷，而是穿不起，所以要烧火来取暖。烧柴档烤火的习惯现在还有，2002年深秋和次年初春，我在林坑，都见到一些人家，在檐廊下或者灶房间，用一只大铁锅放在地下，盛小半锅灶灰，上面搁几块柴档，点小火驱寒。邻居们过来凑热闹，围坐一圈，聊闲天、哄孩子、织毛衣，身暖情也暖。围火取暖成了生活的一种点缀，一种享受。我每次走过，她们都会邀我坐下，我听不懂她们说什么，但随着她们的笑也会笑起来，这是一种出自心田的快乐。

山上也有野生动物。康熙《永嘉县志》里提到的有虎、豹、熊、鹿、猴、山马等等。"康熙十一年（1672）闰七月十六夜，有虎入县城拱辰门内，被官兵射杀。"那时候的永嘉县城就是现在的温州市区，不在上塘镇。既然瓯江下游平原上有虎，楠溪江上游的虎就更多了。上坳的人们说，二十多年前还有老虎，曾有一次被山民毒死了三只。难怪几乎村村都有陈五侯王庙，这位侯王的来历早就没有人知道，连县志里都说不知其为何许人，但大家知道一点，就是他是打虎的英雄。一百多年后，光绪《永嘉县志》也说有虎，还有獐、熊、山马和香狸。由于猎杀过滥，到20世纪80年代，不但虎、豹早已不见踪影，连狼、狐、臭鼬、乌鸦、喜鹊和麻雀都少见了。近年封山育林之后，又保护野生动物，连山民的猎枪都收缴了，野猪、岩羊、虎、兔、穿山甲、蛇、山鸡、斑鸠、乌鸦等等重新多了起来。我们住在村口"古村农家客店"里，门前溪沟里常有一种长尾巴的鸟飞来飞去，停在岩石上，尾巴一翘一翘的，很灵巧可爱。这鸟大概叫鹡鸰，楠溪江有一条支流就叫五鹡溪，在中游的岩头村边注入大楠溪。

　　野猪、野兔和山鸡糟害庄稼，村人们想打而没有枪，只好下铁夹子。我们2002年深秋一到林坑住下，村长就再三嘱咐我们，千万不要自己上山，上山一定要找人带路，万一不小心碰上夹子，能把骨头打断。第二年春天三月初，我一进村，就见到一位老熟人，左手吊着，给我看，指头都被夹子打烂了，是他自己下夹子的时候不小心打的。

　　林坑、上坳和黄南三个村子就在这样一个林区里，它们的村落、房屋、村民的生活和思想，都深深打上了林区的烙印。

# 山村初建

　　我们工作的林坑、上坳和黄南三个村子的关系很密切。林坑和上坳紧紧相邻，都姓毛，是一个宗族，合一部宗谱。同谱的还有岙头派、西山派、里崔派等等。黄南远一点儿，也不过五六里路，姓潘。在上坳和黄南之间有一个李家坑，村子的规模本来比那三个大，老房子的质量也最高，可惜毁损很严重，新房子又造得很杂乱，所以我们把它放弃了。黄南、李家坑长期以来和林坑、上坳有频繁的婚姻关系，而且在一些乡俗活动上，例如造庙，都合力去做，庙里演戏一齐去看。现在，小学校也是一个，孩子们一起读书。林坑村108户，411人；上坳村102户，386人；李家坑103户，402人，人口都差不多。黄南村小得多，只有29户，96人，因为近几年它的居民纷纷向黄山溪和黄南溪合流的口子边迁移，在那里形成了黄南口、庙前和桥头三个新居民点。如果把这三个点和老村合起来算，人口是101户，355人，跟另外三个村也差不多。

　　上坳村紧贴在黄山溪南岸。黄山溪从东向西流来，源头在大约30公里外的大寺尖，海拔1240米。流到上坳，水面宽在60至90米左右。林坑在上坳北面大约1公里，一条只有4米左右宽的小溪从林坑流到上坳对岸注入黄山溪。黄山溪曲折流过李家坑东侧，到黄南口和从黄南村流来的黄南溪汇合。从相汇点向北走半公里，就到了黄南村对岸，过黄南溪就进村。黄南溪从北向南流，源头在十余公里外的青岭山，海拔1045米。

屿北村石桥（李玉祥 摄）

从黄南口向下叫岩坦溪，80公里到永嘉县城上塘镇，中途经过竹木大市沙头镇。

楠溪江流域开发比较晚，大体上是从南而北，也就是先从下游而后向上游逐步开发的。西晋末和北宋末，随着衣冠南渡，形成中原士族来到楠溪江的两次高潮。唐末黄巢之祸和五代南闽的内乱，又使不少江西和福建的移民来到楠溪江流域寻求世外桃源。林坑和上坳的《毛氏宗谱》里有一篇《毛氏始祖》写道："毛侯德公仕唐为户部尚书，授荣禄大夫，原居江西吉安县，因受唐末之乱，居台州临海龙岙。"这以后历次谱序的叙述很乱，或者很含混，都想厘清那篇《毛氏始祖》中的疏漏，但都不免借助于猜测甚至掩饰。没有纪年的《毛氏重修谱序》中，显然没有看懂《毛氏始祖》的第一句话，把始祖毛德误作毛侯德了。这篇序里说：毛侯德"传二世，显智公卜居丹崖。又传至宋，十五世祖讳原一公任温郡太守，与弟原三公徙居永嘉道者。二十世祖百赐公自道者而分于岙头。廿二世祖再一公又自岙头而迁于仙居硐下"。道者现在叫道基，它和岙头距林坑都在20公里左右，硐下则在仙居境内，也不很远。这段话里又有一个错，便是关于十五世祖原一公，"原一"是谱名，而"序"把它说成是"讳"。一错再错，这篇《重修谱序》就教人不大敢信。而且原一公曾任温郡太守，和毛德"仕唐为户部尚书"一样，也很难说。离永嘉不远的瑞安，就有一些世代传承的"谱师"，他们的专长，便是把各种姓氏都追溯到"黄帝轩辕氏之后"，并且拉扯一些"历史名人"或者官宦进谱里来，这本《毛氏宗谱》，怕也是出于这种"谱师"之手。道光二十四年的《重修毛氏宗谱总序》说："二十一世以后，千五千八二公，千五公居于硐下，千八公居于张山、西山，后迁居上幽、林坑二派。"这里又冒出来一个千五公，说不清和上文中再一公是什么关系。上幽就是上坳，这两种写法到现在还在混用，本地人把"坳"也读作幽。"文化大革命"时期，宗谱被毁，只剩下三册残本，1982年几个村子又联手再次修谱，在这一版的《毛氏重修宗谱序》里把事情说得简洁肯定："千八公居岙头，辛五公裕后迁居林坑、上幽、里崔。"又冒出一个辛五公，也没有提他和千八公是什么关系。查一查谱系，则分明写着林坑、上幽和里崔三村的始迁祖都是伯字辈，没有谱名。到林坑的是伯岳等六位叔伯兄弟，到上幽的一个人，里崔两个人。

我们查这个问题，倒不是为了对始迁祖的姓名身份有兴趣，而是为了想弄清两个村的始建时期。可惜，《毛氏宗谱》也和所有的宗谱一样，只顾弄清宗族内部的谱系，以免乱了行辈，舛了名讳，错了婚姻。至于各人的生卒年月甚至朝代都并不在乎。中国封建社会结构的超稳定性，关键大概就在于这个宗族体制。朝代一个又一个地换，姓刘姓李，蒙古女真，二十五史都是"正史"，老百姓只管完税纳粮。宗族作为一个自治体，管理着村社生活的一切方面。所以，我所见过的宗谱，都不提谁家天下，何朝何代。庙号年号，只偶或提及，并非必要。在林坑、上坳这样的山区村落，就更加"不知有汉，无论魏晋"

了。我耐住性子慢慢找，伯字辈以下的雁序为维、显、道。到道字辈，林坑有一位道清，"生于天顺丙子年二月十四日辰时，卒于正德癸酉年五月初十戌时"。上坳则有道德生于天顺乙亥，道荫和道珉生于成化。查明英宗以天顺为年号，既没有丙子也没有乙亥。天顺一共八年，姑且以天顺四年为起点向上逆推三代，伯字辈当在明代初年迁到林坑、上坳。

但这件事还有枝节。2003年3月初，在永嘉遇见林义臣先生（1928年生），他是道基村人，也就是道者村人，正在编道基村史。他说林坑是林姓人在唐代建立的，后来把林坑送给了毛姓人，而自己迁到道基去了。根据是1942年他见过道基林氏宗谱，并且抄录了其中有关林坑和道基建村的两篇文章。可惜在"文化大革命"中，林氏宗谱和他的手抄件都焚毁了。但林先生说他记忆力极好，能背诵出来。第二天一早，他就把两份默记下来的给了我。

第一份是林栩写于唐代宗广德癸卯年（763）的《苍平、鞍阳、林坑记事》，全文如下：

> 唐（按：唐字显为衍文）天宝壬午（742），余随房叔自闽莆秀屿东庄发，经荻庐、半岭至台郡仙、天两县游察。返经温郡五十二都四里苍平，川资用甚（按：疑为尽），房叔回莆田取资，余寄苍平毛民生家。越年，房叔绝音，进退两难（按：语气可疑），承蒙民生以女敏雯许，暂居岳家。肃宗至德丙申（756）龙潜之望，岳邻毛尚哲因为富不仁，被人点穴致死，毛氏五户房舍化灰失所。余携太山发妻欲回东庄，至同里鞍阳筑茅定居。乾元戊戌（758），闽莆同宗林勋、林验徙此赴任乐邑、黄岩，共议移鞍阳岭脚，依山结室，磊（按：疑为垒）石为田，建小桥流水人家（按：显非原文）林家岙村，上元庚子（760）正名林坑村。毛氏徙仙居碴下。林坑者，纯林氏也。

这篇文字说明：一、林坑村是林姓人氏在唐肃宗乾元戊戌年（758）初建的；二、林姓和毛姓是姻亲；三、毛姓从苍平迁到仙居碛下。苍平就是道者或道基。但这篇文字也有一个疑点：它所记的年号为什么全都是元年呢？

第二份叫《苍平、道基述史记事》，是林文嘉写的，大意说后周（951—960）太祖广顺九年（按：广顺只有三年），林坑人林文嘉到天台游览，途中经苍平，夜宿山越家。第二天看到"斯地重峦叠翠，一马平川，秀水环绕，方舆肥美，比之林坑，远胜十倍"。他把带在身边的五谷种子撒到野地以验土地肥瘠，待到从天台返回，见谷实丰满，便决意来定居。经过合议，将林坑林氏族人全体迁来苍平，改名为道基村。而将林坑的65户房舍都赠送给了姻亲毛姓人氏。

把两篇文字合起来看：一、林坑本来是"纯林氏也"，那么，在赠房舍之前毛氏并未到林坑居住；二、毛氏曾自道基迁居碛下，则毛氏这次是从碛下迁来林坑的；三、毛氏迁来林坑，是在后周太祖广顺年间，但广顺只有三年，所说九年是错的，不妨估计是955年前后；四、林氏在唐肃宗时从道基迁林坑，两百年后，到后周太祖时又迁回道基。

这两份资料是林义臣先生凭记忆在几十年后默写下来的，文字难免有些可疑之点。据林先生说，文章都记载于《北宋雍熙元年道基林氏始修谱·前言》，道基位于高山林区，十分偏僻，很不可能在北宋便有宗谱，而且雍熙元年（984）距林氏迁返道基的广顺年间不过三十年光景，那时便始修族谱，更不可能。因为中国庶民修谱始于北宋，当时恐怕实际上只限于豪门望族才修谱。

不过，看到林先生的资料后，我到林坑、上坳便有意向毛姓人探询，绝大部分村民对这些事一无所知，有一个人说，听前人说起，林坑毛氏是和道基（道者）林氏对换过村子，另一个说，不是对换村子，而是对换姓氏。又有一位上坳村民提出了旁证，说林坑原有一座毛氏宗祠，咸丰三年（1853）失火焚毁之后，再也没有重建，林坑人宁愿到上坳的毛氏宗祠去祭祖。这就是因为林坑那座祠堂是用原林氏宗祠改的。

岩龙村住宅内景（李玉祥 摄）

那么，毛林两家换过村子好像并不是空穴来风。这一来，毛氏到林坑，就有后周和明初两种说法，前说来自林氏宗谱，后说来自毛氏宗谱，两说相差四百多年。而且，上坳毛氏又是何时迁来的呢？如果认定是明初，那么，它和林坑怎么可能始迁祖都是伯字辈的呢？

这个“始建”时间问题的探讨，只能如此打住。我们的收获不是弄清楚了问题，而是看到了上游林区山村文化情况的一个侧面。山民不但不论秦汉魏晋，连自己祖上的事也马马虎虎，远没有中游各宗族那么认真。实际上，婚姻乱了行辈，在山村里并不少见。

照《毛氏宗谱》来看，从明初到林坑和上坳来定居之后，人口的繁衍情况也是很有疑问的。林坑第一代伯字辈6人，第五代福字辈只有两人，第六代宏字辈4人，第七代文字辈5人，比伯字辈还少一人。到第十二代钦字辈人口才有了点儿增加，是36人。上坳人口增加稍快一点，第一代伯字辈1人，以后相应的各辈分别为16人、31人、36人和61人。到现在，这两村的人口数都在四百人上下。人口增加如此缓慢，是由于人口外迁分村还是统计有缺漏，谱上没有任何说明。上坳一位朋友说，朱坑、黄塘溪、张山、炉山都有上坳毛氏迁徙过去，因为那里"地理"不好，不发展，一部分又迁回来了。

黄南潘氏的宗谱比较完整，但是仍旧有不清楚的地方。始迁祖是两兄弟，长师尧，生于绍兴己卯（1159），次师禹，生于乾道丙戌（1166）。二人一起从永嘉西部小楠溪上游的昆阳迁到合溪，再从合溪到篁南，就是黄南。

我于2002年11月底，特地到昆阳去了一趟，那是个交通商贸发达的大镇，很有气派。镇上有潘氏大宗祠，规模宏伟。大批老住宅，规格也相当高。我翻了一翻宗谱，见到有一篇文字专门写潘氏在楠溪江流域的分布情况，却偏偏没有提到篁南。据黄南的《潘氏宗谱·居城郡雁行》，潘旻是第一世，"居瑞安，生于宋明道癸酉（1033）"。"公之先世由闽徙居瑞安北门内，至公元六世。自幼志趣高远，敏悟博洽，下笔数千言立成，与若雨公、谢氏佃公同入洛，从伊川程先生学。既成而归，隐居不仕，笑傲林泉，卒赠礼部尚书。"和毛氏以"唐户部尚书"毛德为始祖一样，潘氏也搬来一位"卒赠礼部尚书"的潘旻为始祖，这是宗谱编写的老套，一般都不可靠，不过是攀附而已，甚至可能是"假学历"。在子孙还没有"光宗耀祖"之前，先借祖宗来"光子耀孙"，不必认真对待。倒是乾隆元年邑廪生陈梦熊写的《篁南潘氏宗谱原叙》说得合乎实际："今潘氏不过深山一族姓耳，虽由闽莆而昆阳，由昆阳而篁南，源流甚远，出乎簪缨世胄，而析居篁南，惟务本力穑，子子孙孙，其不异于野人者几希矣。"

不论是毛氏还是潘氏，不管是不是"尚书"或者"郡守"之后的"簪缨世胄"，在楠溪江上游的几百年里，他们的家族确实只会靠林业和农业生存，日子过得艰难，跟"野人"差不多，不曾出过什么有头有脸的名人或能人。这种生活深深影响了村民的意识。我们在楠溪江中游村落里感受到的是浓郁的耕读文化气息，而在上游这几个村子里，则是纯自然的农耕文明，是一种既勤劳朴实又自得满足的精神状态。

宗谱里立小传表彰的，尽是些从生活到思想都最典型的山野农民。例如，《毛氏宗谱·行状》里记光昌公："为人忠厚，气质聪明，待稍长，匆匆家务，不遑读书之志，专事农耕，务犁锄而弃毛锥。"坦赤公"克俭克勤，为人正直，不求闻达，只图耕织。日出而作，日入而息，耕田凿井，不计帝力。田园之中，优游自适，陇亩以外，毫无端的。守承父业，田连开辟"。黄南《潘氏宗谱》里也传了几位这样的农民，如熙松公，"翁性朴实，忠厚自持……耕而食，凿而饮，帝力是忘，帝则是顺，一切闲非俗态，置若罔闻"。这种描述，就生活状态来说是真实的，就价值观来说，则是虚假的，是游走于农村的专业谱师传达的士大夫们的"桃花源情结"。

上层文化向最落后、最偏僻、最贫困的农村的渗透无孔不入，它的重要渠道是科举制度。林坑村最古老的住宅"老堂屋"里曾经有过一座读书楼，两层的，楼下养牛，楼上做书房，就是私塾的教室。20世纪40年代完全倒塌，不过村人们都知道，而且我拨开齐胸的蒿草还依稀可以看出基址。《毛氏宗谱》里有一篇大清嘉庆二十五年周锡荣撰写的《重修上幽、林坑毛氏宗谱序》，里面说："余谬主上坳林坑之西席者雨（按：应为两）载。"可见那时上坳和林坑曾合办过学塾，不知是不是就在老堂屋的读书楼里。"朝为田舍郎，暮登天子堂"的诱惑，也曾经在少数山民心里形成科举情结。它和"桃花源情结"成双成对，反映出封建王朝时代，一方面天子网罗"天下英才"，一方面官场仕途凶险，"不如归去"的实际情况。士大夫文化的向下渗透，在黄南《潘氏宗谱》里呈现得更多一些。那里有一篇《养颐公所遗八训词》，条目是：孝父母、敬长上、和邻里、整宗祠、修族谱、训子孙、守祀田、禁坟山。每个条目都洋洋洒洒发挥一番，不外乎孝悌忠信，"勿听妇人言"之类的话。《潘氏宗谱》还照惯例附庸风雅，有《篁南八景诗》。那位"一切闲非俗态，置若罔闻"的熙松公，"重师儒，款宾客，酬酢往来，至即留饮。所谓座上客常满，樽中酒不空。山陬僻壤之中，如翁者不易得也"。虽然都是些滥熟的套话，但毕竟反映出对"耕而食、凿而饮"之外一种更高的生活方式在价值上的认同。当然，这短短的一段文字里也仍然蕴含着山民最质朴的自然生活的情意。

不过，生活在荒僻的林区，直到现在，许多村民的观念和识见等等仍然保持着浓厚的"化外之民"的特点。林坑和上坳的村民，无论老幼，虽然连村口的钢筋混凝土大桥是什么时候造的都说不清楚，却都乐于向外人讲一则有趣的故事。因为全靠口传，到现在各人讲出来不免有不少出入，但都充满了山乡林野气息。故事的大意是：宋代，上坳出了个武将（一说为武状元），叫毛顺乾。一次，皇太后（一说为正宫娘娘）遇见一头猛虎，张开血盆大口扑来，恰被毛顺乾看到，三拳两脚打死老虎救了太后。论功行赏，皇帝封他当了个京官。上任的时候，皇帝在金銮殿摆了各种等级的官帽，任他挑选，以便给他合乎心愿的官位。他不懂这些帽子代表的意思，看见文官的帽子漂亮，就过去选。帽子是用带子调节大小松紧的（一说大官的帽子小，小官的帽子大），他一个乡下人不知道怎么摆弄，大官的帽子他嫌小戴不下，拿个大的戴上，却是官职最低的门官的帽子，于是就当了门官。皇帝于心不忍，额外降恩给了这位门官一项特权：来者不接，去者不送。日子清闲自在，但毛顺乾过不惯，只好请求还乡。皇帝准许了他，并且让他看宫里喜欢什么就拿什么回家。他看着一对雕刻的石头虎爪柱磉漂亮，就用铁柄雨伞挑着回来了。这对柱磉就安置在上坳毛氏宗祠正堂中央一对金柱下，至今还在。村人们说，乡下人的祠堂哪里能用虎爪柱磉，用了便犯欺君之罪。只有皇帝特准才能用。实际上，我们看到楠溪江中游的祠堂里，普遍使用着虎爪柱磉，但上坳和林坑的村民们仍然津津乐道这对柱磉不平凡的来历，引为毛氏宗族的光荣。

这则故事还有另一种版本。毛顺乾在京城当门官当得很开心，并不想辞官返乡，是他母亲日夜想念他，盼他回来。一天，一位江西来的风水先生看见老太太在溪边洗衣服，边洗边拭眼泪，问明了缘故，就告诉她，只要把家门前的"脉"挖断，她儿子便能回来。这脉是一对龙，在大肚崖南侧。溪东是雌龙，溪西是雄龙，有一根千年老藤在半空跨过溪坑连接它们。风水先生亲手砍断了藤，老母亲又雇人在雌龙身上挖沟。白天挖，晚上又接上，重新挖，重新接上。江西人又出主意，一面挖沟一面往土里泼洒白狗血，果然再也接不上了。这条深深的沟挖成之后，毛顺乾日夜心神不宁，在京里待不下去，只好弃官回家。这条修正很重要，因为这雌龙还在，所挖的沟还清晰可见。雄龙在建机耕路的时候被炸掉了一大部分，只剩下一块大岩石还蹲在路西边。这里小地名就叫"一根藤"。雌龙紧挨着一个不高的小山包，山包上有一小块平地，村民叫它"大岭四面屋基"，说是这里本来有一座四面屋，就是四合院。村民说：四面屋哪里有？只有宫里才有，老百姓造了要杀头，这一座是皇帝老子特别恩准毛顺乾造的！像虎爪柱礎一样，又是一件要杀头的事。据说，前几年还在四面屋基附近挖出过几段陶质的引水管，可能再挖还会有。2003年3月，冷雨淋滴的一天，我被引上小山包，在荆棘丛里手脚并施，到了四面屋基。屋基上长满了及胸的茅草，周围是茂盛的竹林，向南遥望，黄山溪在脚下流过，溪水碧绿，滩声如诉，上坳村伏在溪边，几处炊烟刚升出屋面便被雨滴打散，罩一片淡蓝色在黝黑的瓦顶上。如果这四面屋确是毛顺乾的，他辞官回家的真实原因大约就是这一幅景色太美了。

还有一种说法：溪东的小山包是尉迟恭的铁匠炉，溪西的岩石是风箱，那根藤是送风管子。风箱扇风，铁匠炉红了、热了，炉子上的四面屋里就出了个武将。和上坳村里毛氏宗祠隔溪相对，原来有一块一人多高的孤岩，那是铁砧，打铁用的。小山包南边山脚，溪里有个深潭，那是铁匠炉边的水缸，叫"炭角"，打铁时候，先要把硬炭在水里浸湿才好生火，这炭角就是浸炭用的。江西风水师出主意挖断了风箱的送风管道，铁匠炉的风水被破坏了，上坳以后再也出不了大官。

这样的故事，荒诞不经，在楠溪江中游的村落里是听不到的。那里流传的是朱熹访戴进之，是十八金带，是望兄亭和送弟阁那样书卷气浓重的故事。但荒诞不经的山野故事固然反映出过去村民的知识水平很低，反映他们对自然力的盲目崇拜，但也反映出他们的天真和淳朴，一位赤手空拳打死猛虎救下皇太后的英雄，一走进主流社会就变得那么猥琐可笑，这故事里有山民们的自我嘲弄，更有山民粗犷的豪气。而且，当门官而可以"来者不接，去者不送"，反映出村民们的自尊之心。至于认为在京里当官还不如回老家侍奉母亲，这真挚朴素的感情更叫人感动。

黄南倒是可能真的出了个武状元。《潘氏宗谱》里记着，第四世潘文虎，"登宋右科第一武状元"。这位状元生于元祐己巳（1089）三月。谱里没有更多的记述。

清代末年，黄南潘氏在经济和文化方面都有些比较出色的人。《篁南潘氏纪行集》里，二十五世允文公传："公惟策鸠杖，步桑阴，玩山水之幽，观鱼鸟之趣。遇老人则告以教子孙、养天年之方，遇少壮则示以勤耕作、慎言语、节饮食之道而已……龙飞覃恩，钦赐绢棉米肉……深山穷谷之中如公者岂易得哉。"这位允文公虽然丝毫没有超出农耕文明的水平，但知识面比较广，关心的事情比较多，在那种环境里算得上是个难得的人了。不过，这位允文公的士大夫文人气重了一点，不如另一位同辈的国玉公，那是一位专业的手艺匠人，多少有点儿脱出纯农业而以手工业为副业的框框。他"师匠氏，得其规法，所作器用，利厚久远，不必舍其手艺而能专其心志者也。终岁计之，在家之日不过十之一耳，其余皆传食于外"。以手艺走出村落，走出自然式的生活，这当然是对农耕文明的一个突破。

黄南村最特出的人是潘垂仕，字丹轩，以字行。他生于同治庚午年（1870），卒于1960年前后。他"望重一方，名震百里，聪明颖异，文墨颇通"。"光绪丙申岁（1896），仙（居）黄（岩）界内匪寇扰乱，劫掠良民"，丹轩公应召助剿，"获得匪首，送府献功"，由省抚宪赏五品军功。以后主办团防。民国以后，任温、处二州的禁烟（罂粟）委员，他不辞辛劳，"亲督团勇于深山林菁人迹罕到之处"，经过两三年，"毒卉悉除，不留根棵。记功二次，奖赏二等银色徽章，复给'为国从戎'匾额。民国六年，任保卫团团董时，又大败仙居周匪，省长纪功一次"。丹轩兼任篁碧乡乡长，后来他的儿子潘保松接任。村民很自豪地说，他们二人都是腰插两只驳壳枪的人物。20世纪40年代，丹轩和活跃在浙江东部山区的共产党游击队有联系，干部来往常住他家，有几位被捕后被他保出。所以1951年土改时被划为地主后，没有挨斗，分掉了土地就没事了。1960年左右，大饥荒，丹轩吃了松花粉，大便闭结，全身浮肿而死，享寿91岁。

"文化大革命"时候，"革命派"把祠堂里挂着的奖给潘丹轩的匾砸烂了，他的孙子潘进文把"为国从戎"匾藏了起来。2002年11月，我到黄南，见到进文和他的侄子志才，他们找出了这块匾，并且立即把它挂到原来的位置上。这位潘垂仕，大约是黄南乡历来最有头面的人物了。

潘丹轩的儿媳妇，今年84岁，是黄南乡的又一位知名人物。她以剪纸闻名，多次参加县、市的展览并且获奖。她剪纸不用画样子，拿起剪子信手剪去，便花鸟虫鱼，千姿百态。这些年，老了，平时不剪了，我去看她，她当场剪了一对鸳鸯给我。潘志才求奶奶把丹轩公的照片拿出来给我看。他身着戎装，面目颇见棱角，清癯而有神。照片已经发黄淡化，我把它带回来，找照相馆复制并放大了一张给她寄回去了。

# 老蚌含珠

　　林坑、上坳和黄南，都因山形水势而得天趣，但三者很不相同。林坑四面环山，一个小小的山谷盆地，盆地里有三叉形的溪流，村屋建在周遭山坡上。上坳紧贴一条六十来米宽的黄山溪，老民居沿溪排成一列，有一道堤坝和寨墙保护它们。黄南在一面陡峭的山坡上，坡下是一条大约三十米宽的黄南溪。

　　比起中游村落来，上游各村无论在村落格局、建筑形制和风格方面，还是思想意识和性格方面，与自然环境的关系更直接也更原始。当中游各村的居民把村子的结构比附为文房四宝的时候，当他们把自己宗族的命运寄托在文笔峰和砚池墨沼上的时候，上游的山民们还没有这种文绉绉的幻想。他们也会把自己的生活和自然环境的关系升华为一种观念形态，但那观念形态是非常天真而直率的，粗糙而洋溢着山林气息。

　　林坑村里，也就是小小的山谷盆地里，一条大一点儿的溪从东北角来，叫大坑，一条小一点儿的溪从西北角来，不知为什么叫南坑。大坑和南坑在盆地中央汇合，向南流，在白鹤大帝庙下流出盆地，那里便是村子的小水口。再缘大肚崖峭壁，过"一根藤"，那里是中水口。最后在上坳村对岸，"大岭四面屋基"西南侧，注入黄山溪。从大坑和南坑的汇合处往下，全程不过一公里多一点点。大坑和南坑是最简单、最直截了当的名称，它们汇合之后的溪流几乎没有名称，村人们只叫它溪

林坑村（李玉祥 摄）

坑。我们再三追问，他们草草应付一下说：就叫林坑溪。只有一位当过教师的人说，叫临峰溪，这峰字大约就指大肚崖。此外再也没有人知道这个文人味很浓重的名称，我们无从核对。

林坑山谷小盆地的空间环境很完整，闭合良好。依"江西人"的说法，这是一块风水宝地。江西相传为风水术中理气宗创始人唐代杨筠松和曾文迪的老家，他们的后人往往以看风水为业，拿着罗盘走遍天下，"江西人"就成了地理师的代名。这块风水宝地的形局是：西侧，一溜儿山脉总的叫西山，分段叫凤垅头、乌梅树坪和 jeje（长场）山，呈外凸弧形从北向南走；东侧，一溜儿山脉从北向南也呈外凸弧形，分段叫黄坑、半岭和青草坪。这两条"大龙"相对成一个蚌壳形，南端的相会点就是中水口隔溪对峙的雌龙和雄龙，也就是"一根藤"。北端相会于林坑北偏东十余里的"龙尾巴"。从龙尾巴到南端的双龙相会点，左右

林坑村（李玉祥 摄）

又各有一条不高不厚的"小龙"，紧贴着大龙的内侧，这是蚌肉。主龙从龙尾巴沿中线延伸过来，到了山谷小盆地中央，止于大坑和南坑的交汇点，恰好是个小山包。风水术的说法，"脉遇水而止"，"脉尽处为真穴"，这主龙尽端的小山包便是真穴所在。村民们给它一个响亮而有威力的名字，一个径直取自大自然而不加修饰的名字，叫"雷垱"。雷垱是风水山，村人在上面种了几棵枫树、几棵松树，长得又高大又茂盛，树下灌木丛密不透风，这是风水林了。从外面进村，一过小水口迎面就见到这座山和这片林，生气勃勃，真有兴旺的气象。晚秋季节，枫叶红于二月花，浓绿的松树映衬着，更加艳丽。过去雷垱脚下曾经有过两座古坟，传说是老祖坟，村人们不拿它们当回事，近几十年来在冷落中不知去向了。全村最古老的五幢房子也造在了雷垱下。

村民们说，林坑的风水是"五龙落垟"，垟就是山中平地。这个形

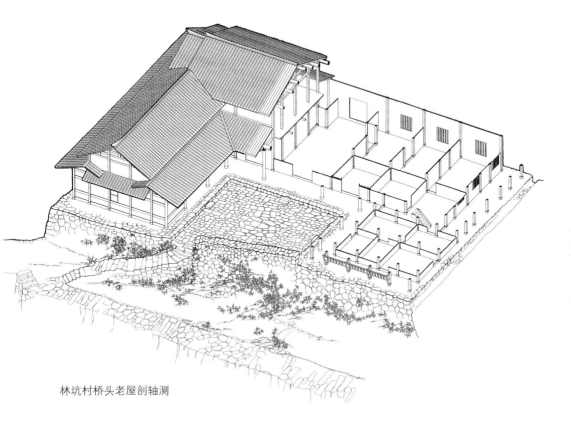

林坑村桥头老屋剖轴测

局，按风水术也可以叫"老蚌含珠"，雷塔便是蚌壳和蚌肉所含的一颗
灿烂的明珠。直白一点说，"老蚌含珠"是女阴的象征，一种原始的生
殖崇拜的遗迹，被风水师说成有利于子息孳繁。在农耕文明时代，宗
族的最大利益便是增加人口，只要人口发荣，宗族就有力量。其次是
族中子弟科甲连登，官场里面有人，宗族的社会地位就会提高。人多
而有势，宗族就稳定，内聚力就巩固。中游的村落，土地肥沃，水源
充沛，农业生产易于丰裕，不虑人口不发，所以风水上多重视科名，
几乎村村都以文笔峰、笔架山、砚池、墨沼一类的景物为风水形局的
主要角色，不足的地方用文峰塔、文昌阁等等来补足。在生活艰辛的
山区，人口增长就是头等大事了。但是，风水只不过是一种寄托愿望
的安慰而已，林坑的人口经过几百年而增加寥寥，到1951年土地改革
的时候还只有140人左右。土地改革之后才大量生育，生5个、6个、7

个孩子的夫妇不少，还有生8个的，到现在有411人，是半个世纪之前的3倍。

在林坑村东侧山上，青草坪陡崖之巅，可以见到有三块石头，上下叠在一起，以同样最简单最直观的方式叫"三重岩"。村民说，过去本来有七块石头，叫"七重岩"。天长地久，它们得日月之精华，有了灵气，上面四块石头顺西坡跑了下来，一块迷失了路，再也找不到了，三块跑到溪坑里蹲着，相互位置像个"品"字。跑下来的时候，一个仙人举着竹梢来赶，想把它们赶回去，遇见一个卖盐的人，问：有没有见到四头乌猪跑下来。卖盐人回答，没有见到猪，只见到四块石头。仙人一听，玄机被点破，叹口气，说：哎哟，赶不回去了，只好罢手。后来，一位江西风水先生来看了一看，说：三块大石排成"品"字，这村子有"品"，会出人才。村民们很自豪地对我们说：这小小村子，现在出去这么多人做生意，有出息，至少有一个搞建筑业的，已经可以说是"千万元户"。还出了14个大学生，应了风水。可惜，1975年为造路、造房子用石材，把这三块石头炸掉了，否则林坑还会出更多更大的人才。人才是出了一些，但所说的14个大学生实际包括大专生在内。

风水术无疑是迷信，但它反映了农耕文明中，人们对山山水水自然环境的崇拜、依赖和无可奈何的信任。在宗族社会中，它是把族人维系在土地上形成宗族集合体的一种凝聚力，所以几乎全国都讲究风水。

从林坑往上走，一路到"龙尾巴"，还有好几处风景，例如吊船崖、稻桶门、岩柱子、飞瀑等等，都有非常神奇而非常天真质朴的传说。有一个"狐狸夹"，是一处岩石裂隙，往下看深不可测，但缝隙很窄，身手矫健的人可以跳过去。传说古代有一个叫李光明的药师，上山采药，看到裂缝对面有一株仙桃，便跳过去采摘。一跳过去，仙桃树却没有了，回头一看，它在这边。这样跳过去又跳过来，仙桃树总是隔着那条裂隙。终于，药师身疲力竭，失足跌了进去。人没了，"出圣"了，就是说脱去凡骨升了仙。这一带地方凡请道士做道场，礼请神仙，必有李仙师。不知为什么，后来李仙师又成了专司赌博的神了，办花会时候必定要拜他。

林坑村的小水口蹲踞着白鹤大帝庙，白鹤大帝是个什么样的神灵，2002年我在村里访问，谁都说不明白，连七十多岁的老人，也说从来没有听前辈人说起过，只听说一次扶乩降神，来了一个叫白鹤大帝的，自称林坑的保护神，于是大家就拜。2003年，我再去访问，得到毛国奇先生写的一份材料。这份材料说："宋朝淳熙三年（1176），邪魔作恶，尽收粮种。因此，田地荒芜，瘟疫四起，百姓尸横遍野。此时，单板桥头一只'白鹤'得道，为救苍生，斗败邪魔，夺回粮种还给百姓。白鹤却劳累过度，力竭而亡。百姓乃奉白鹤为神，香火祭拜，威灵显赫，有求必应。此事上达宋帝，敕封白鹤为'护国朝天无量白鹤大帝'。各地遂纷纷建庙，楠溪江上游的岩坦和东岙都有白鹤大帝庙。"这故事来历不明，村里没有一个人知道，但并不妨碍他们建庙祭拜。一个"神"，给他造了庙，恭恭敬敬磕头烧香，拜了几百年，到头来没有人知道他是谁，这种情况在楠溪江中游也有，甚至全国都有。这是实用主义的泛神崇拜现象，"万物有灵"，都可能影响到人们的命运，与其因怠慢而遭遣，不如先跪倒。"神佛不怪烧香人"，农耕文明时代人们坚信这一则重要教条。跪惯了，拜惯了，这种精神状态就成了民族的性格，会引发出多少可怜的、可悲的甚至可耻的局面来。

白鹤大帝庙在溪东，背靠"殿后山"，坐东面西，三开间面阔，其实左右都只有半间。庙前有个露台，高高造在大岩基上。小小一座庙，看上去又雅致，又亲切，居然还有一点儿庄严。村路在溪西，到庙里烧香，要从溪里的乱石上跳过去，再登一段石级上到露台。从露台眺望，三面风光都很好。对面是阔叶树林，2002年晚秋，我们去工作，霜叶正染得满山璀璨；南面望出谷口，远处上坳村背后山峦一重又一重，渐远渐淡，融进天边；向北望就是村口祠堂基了。2003年初春，我又到了林坑，天天下雨，很冷，但露台脚下一棵李树花开得正浓，银装素裹，一团香雪，烘托得蛮石高台那么强劲，那么苍古，小小的白鹤大帝庙竟是品味卓荦不凡。

佳溪村（李玉祥 摄）

　　白鹤大帝庙在"文化大革命"中被"破四旧"拆毁了，1991年才重建，原来用蛮石垒的两爿山墙改用了灰白色的砖，图省事，但不太协调。老人们说，大模样跟过去的还差不多，不过悬山顶改成了硬山顶，蛮石山墙上部的木构架也不裸露出来了，分明不如过去。不料到2001年，黄南乡政府又奉了宗教事务管理局的命令，要破"邪教"，派人来把神像打掉了。他们到别的村里闹得更凶，如黄南，连庙都平掉了。对林坑的白鹤大帝庙还算是手下留情，没有拆房子，大概是因为当时已经在酝酿着要把林坑村作为文物保护起来了。现在庙里正中香案上供着新塑的两尊50厘米左右高的神像，前面有个签筒和一对卜阴阳爻的竹根。两边靠墙立着几个一米多高的胁侍神像的钢筋架子，准备重塑而还没有动手。

　　供台上的两尊神像，一尊无疑是白鹤大帝，另一尊叫焦岩爷，来历更加蹊跷。焦岩爷有结拜的五兄弟，老大是齐天大圣，老二是五显爷，老四、老五是陈三宝和赤帝龙天，焦岩爷排行老三。焦岩爷原籍黄岩。黄岩、乐清一带滨海县份，有不少人挑盐横过楠溪江流域到西边山区去卖，焦岩爷五兄弟也贩盐为生。一天中午，他们挑盐翻山越岭到了上坳后面大山顶上一块悬岩边，歇下吃饭，叹起生涯的辛苦来，一齐祈告，如果今天放在石头上的米饭变稻谷，黄豆发芽，腌虾活转来，我们兄弟就能"出圣"成神。第二年，他们又过这里，果然一一应验，于是，便要一齐跳崖"脱凡"。但又都害怕，不敢跳。焦岩爷建议，把四位兄弟捆在一起，由他推下去，然后他自己跳。四位兄弟同意了，不料焦岩爷把他们推下去摔死之后，反悔惜命，逃了。这时四位兄弟都已经成了神，便行下一场大雨，山洪冲来，裹走焦岩爷，他抱住一段大樟树桩，没有淹死，漂到黄岩一个村里，被矼步挡住，得救了。一位村人把樟树桩抬回家，一斧头劈下去，竟裂成五块，块块出血。怪了！于是用它们雕成神像，在小村建了庙，叫五圣爷殿，或者叫圣堂殿。这座村子就起名为圣堂村。圣堂殿的神灵验得很，天旱了求雨，雨多了求晴，得病了求验方，上山打老虎求铳铳中的。不知道为什么关键时刻动摇背叛的焦岩爷竟被山民们宽恕，也列于五圣之中，法相很凶，横眉竖目，连鬓胡子，身背火铳，脚穿草鞋，一副猎人打扮，成了专司庇护猎人之职的神。又不知道为什么，或许是因为山里野兽太多，上坳和林坑偏偏独尊最不义的焦岩爷，上坳村背后山上那块悬崖，居然以他的名字命名为"焦爷垟"。那里本来有个山洞，里面供着小小一个焦岩爷塑像，近年大兴土木，造了一座大庙，专供焦岩爷。林坑人在大坑和南坑相汇处往下不到20米的溪坑里，一块大岩石上，造了一个只有一人多高三面敞开的亭子式小神庙，供奉焦岩爷塑像。据说塑像里用了一块焦岩爷的真脚骨，所以灵异无比。猎人只要向神像上香烛礼拜过，进山打猎，即使没有打中野兽，那兽也会倒地而死。大约在20世纪初，黄岩人把这座焦岩爷像偷去了，焦岩爷附灵在巫师身上，说出他被偷后所在的地方，要求林坑人把他请回来。林坑人冒着生命危险，趁夜色掩护到了那里，又凭借焦岩爷显圣放出光芒导引，把神像找到，背回林坑。回来后不敢再放在小庙里，把他请到了"老堂屋"前院读书楼的楼上，每年六月初一大祭拜的时候才搬回小庙里放一天。"文化大革命"时期，焦岩爷的像被红卫兵搬去，缴到设在黄南村潘氏宗祠里的人民公社总部去了。那里集中了全公社缴来的各种神像，都被打碎了，但谁也不敢打焦岩爷的像。他太神异了，在潘氏宗祠里还每夜都叫公社书记的名字，叫得书记心惊肉跳，派人把他抬到山上去了。因为藏得很严密，当事人不肯露一点儿口风，到如今还找不出来。现在白鹤大帝庙里的那尊是新做的，里面没有焦岩爷的真脚骨，当然不能像先前那尊神像那么灵验。所以林坑村人得了重病或者遇上什么难事，还要到黄岩的圣堂殿去请神，一伙人列队举幡，打起锣鼓铙钹，要走整整一天山路。焦岩爷已经变得像农村所有的神灵那样，"有求必应"，不以猎神为专业了。

1975年林坑村在溪坑上造永安桥，为了要石料，把焦岩爷庙随着那块大岩石炸掉了。这件事太过于渎神，但那是"文化大革命"时干的，既然整个国家的空前大灾祸和全民族的奇耻大辱谁都不承担责任，这事便不再提起，村里年轻人也差不多都不知道曾经有过这么一座别致的庙了。

我们在村里工作的那些日子，白鹤大帝庙里香火不旺，露台上和台阶上，石板缝里长着高高的野蒿。住在溪西岸的一位从外地迁来入赘的接骨医生有时来割草，不是敬神，只为了生火做饭。村民们告诉我们，平日大概就是这个样子，过旧历新年的时候有人来烧香。正经庙会日子是旧历六月初一，这天家家户户都去进香礼拜。说不清是拜白鹤大帝还是拜焦岩爷，在村民眼里，这并不要紧。不过有一种说法比较有理，说六月初一拜的是焦岩爷，这时候庄稼快熟了，为防野兽糟害，拜拜焦岩爷，祈他吓一吓野兽。过去，这日子要设整天的流水席，附近各村中有人来，交了钱便入席吃一顿。这笔钱当然多于这顿饭的所值，其实是一种募化方式，我们在别处也听说过。吃，不过是表示把"福"吃进肚子里了，当然牢靠。以吃喝祈福，居然也成了我们民族的风尚习俗。进香的人还向庙祝交些善款，作为管理费用。

白鹤大帝庙是进林坑村的第一座建筑物，再往里走，将近两百米，便是祠堂。祠堂是咸丰三年被山洪冲掉的，后来一度想重建，起了一个房基便不再做了，据推测是因为原祠堂本是以前的林氏宗祠，地产未必能再用的缘故。这地点一直叫"祠堂基"。从祠堂基到大坑、南坑交汇处也不过70米左右。

一二百年前造的古老房子，都在雷垴脚下和溪坑东岸。从黄山溪边进来的小路，四面屋基下那一段在溪东，到大肚崖前跳过几块石头到溪西。进村过了祠堂基，没有桥到溪坑东岸，也没有楠溪江村落普遍使用的矴步。因为溪不宽，而且溪中堆积着巨石，平时可以踏着巨石过去。我看溪床比较深，两岸都要经高高的石阶上下，问村人，这很不方便啊！村人告诉我，以前石头又大又多，溪床没有这么深，后来因为造房子造路都从溪里炸石取用，所以溪床才低了。我又问：雨天山洪暴涨，怎么过溪呢？他们的回答大大引起我的兴趣。原来，从祠堂基上来不过几十步，溪东有一棵大樟树，溪西也有一棵大樟树，两棵樟树都有几百年了，枝杈伸出老远，竟至于隔溪搭在一起。溪水太大的时候，人们便从树枝上走来走去，挑着重担都泰然自若。大坑和南坑没有这么巧妙的天然桥梁，不过那里石块特别大，山洪一般不能完全吞没它们，而且，林坑毕竟离源头不远，山洪持续的时间不会很长。村民很少，不会有急事，等个把时辰就可以了。2003年3月初我到林坑，正逢连日下雨，溪水暴涨，哗哗啦啦响出老远，岩石缝里水花喷起几尺高，临走头天晚上雨停了，天亮时分，果然见溪水已经不那么狂烈了。

1958年闹"大跃进"，林坑村也遭了殃，先是把那两棵蔚为奇观的大樟树砍掉去炼了樟脑，说是为了支援工业，支援国防。后来又组织了170人砍树，烧炭送到岩坦炼钢。1963年把小水口上白鹤大帝庙对岸的一棵松树和祠堂基附近的一棵松树砍掉，为的是要上缴松香。这两棵都是黄山松，主干挺直，两个人抱不拢，足有十几丈高，顶上是平展展摊开的树冠,非常漂亮。到现在将近40年过去,村里老人说起这几棵大树,还为一些人干的蠢事不断叹气:"要是这几棵树还在啊,那我们林坑可就太漂亮了!神仙住的地方哎。"

20世纪60年代末和70年代初,在溪坑以东、大坑以南造了七八幢新房子,在那里形成了林坑村主要的住宅区。其中三座三合院,两幢条形房子带通面阔的前檐廊。加上沿溪坑的三幢古老三合院,这一部分有六幢三合院,占了房子的绝大部分。那里新老房子都面向西。雷垅下的三幢古老房子,其中靠东一座三合院朝南,面向大坑。另两幢条形的朝西,都是外廊式。最西边的那座就是有读书楼的"老堂屋"。它正在大坑和南坑的交点上,迎着进村的路,很可能是全村最老最尊的一座房子。它们经过改造,在南端接出两间来,有了屋架而还没有装修板壁,完全敞着,倒是给村子增加了几分玲珑的姿色。老堂屋以北,南坑东岸,也造过两幢老屋,一幢久已倒塌,一幢还在,住着一户智障人家,弄得很破烂。南坑溪西,新造了三幢,两幢是通面阔前檐廊式,都朝东,和雷垅下的面对面。

70年代初造新房子,人民公社批给了宅基地后,生产大队给批杉木,每间房5方,每方20元;自己约技术工人,大概每间房30个木"工"(一个工就是一个工作日),每工9角到1.1块;石工每工3角。一幢五开间两层楼的房子大约总共要三百多个石"工"。非技术性劳动由大家出力相帮,房主人请吃就可以了。看风水的阴阳先生的报酬是每天按两个强劳动力的工分计,大约是每天15至20个工分,每个工分6分钱。

由于溪坑东边房屋和人口增加,由于大樟树被伐,又由于从溪坑里不断取石而使溪底下降,所以,有必要解决一下过溪的交通问题。正好,1974年黄南口120米长的五孔大石拱桥竣工,就把民工分成两批,一批到黄南造了村口石拱桥,一批就到林坑村造了大坑上的永平桥,第二年又在溪坑上造了永安桥,永安桥正跨在焦岩爷庙的旧址上。两座桥都是单孔的,长度大概30米上下。新桥又宽又平又结实,大大改善了林坑村的内部交通,所以1982年的《毛氏宗谱》把这件事郑重地记上了一笔。不过，从大石块上跳过溪，从樟树枝上走过溪，那种自然人的生活天趣没有了，也不免教人惆怅。当一些老人对我讲起早年过溪的情况时，旁边听得入神的孩子们总觉得没有享受到那种过溪方式太遗憾了。这本来是永远快活的童年记忆。

1975、1976两年，经人民公社生产大队干部同意，批给了宅基和木材（每间1.2立方米），全村造了13幢新房子，一共四十多间（一间即一个开间，上下两层），其中7幢造在"祠堂基"以南。这块地址叫"祠堂外"。不料，县里派来工作组"割资本主义尾巴"，带着枪，说这些房子是非法的，没有办审批手续，"占用良田，破坏森林"，勒令要把"祠堂外"的26间全部拆除。其余的作为生产队集体的，像土改时候一样分掉。逼迫房主捺手印，承认是自愿的。1976年当年就雇了人来拆，要房主人出工资。把木料也全部没收运到城里去"报喜"。房主们不服，下定决心"爬钉板"，经过非常曲折、惊险而巧妙的斗争，一直上告到中央，终于获得胜利。1977年，县里不得不认错，把木材全部送还，运送的汽车上盖着红布，一路放红炮（鞭炮）。当初大队批木材的时候，除了造房子用的，还给18岁以上的未婚男子每人0.8立方米的婚床料，18岁以上的女子给嫁妆料，过了60岁的老人有棺材料，拆房子的时候一并都被没收了，后来也如数送还。这件事，是林坑村人一直很以为得意的成功。后来只在"祠堂外"重建了三幢住宅，两幢还没有完工，敞露着木架子。

直到90年代，新造的房子无论是形制、用材、构造、形式大体纹丝不差地按照传统去做，所以，只要十年八年过去，木料经风吹雨淋太阳晒，便显得古旧，和老房子很难区分得出来了。可惜，东部中央对全村景观很关键的一座新房子，底层没有按老方法用蛮石砌筑，而是把石头大致打凿成方形，斜角砌筑，失去了蛮石砌筑那种光影变化和体积感，也就是失去了雕塑感，看上去没有力量，差得多了。也有几幢新房子，山墙上部没有像老房子那样裸露出木构架，而是光光一片洁白的抹灰粉刷，也没有轻快飘逸的腰檐，显得单调呆板一些，不像老房子那样有灵气和尺度感。

2000年以后，在"祠堂基"前后和"祠堂外"，造起了几幢钢筋混凝土、砖和木料混合结构的房子，风格和村里原有的建筑大不一样，很不和谐。我们2002年深秋住的"古村农家客店"，三开间，三层楼加半个四层，瓷砖地面，杉木楼梯，有两间卫生间，装着抽水恭桶和燃气淋浴器。功能质量大大优于老房子，造价大约四十几万元，都是老板和三个儿子在广东弹棉花挣的。

不过，溪东也有人家在严格保持外表不变的情况下，把内部现代化了，安上新的厨房和卫浴设备，用木材装修了墙面地板，改善了楼梯采光。功能质量至少不低于"古村农家客店"，而费用竟不到10万元。这做法显然更加合理。

永安桥的东塅，本来有一座水碓，从大坑较高之处修一条水渠傍路边过来，引水冲动水轮，磨粉、舂谷。1964年和上坳合资在林坑造了个小小的水电站之后，粮食加工都到上坳的电动碾米厂去了，水碓失去了功用，整天吱吱呀呀不停转动的水轮拆掉了，活泼泼的水渠也因为道路加宽而填没了。古老的水碓房被用来堆放柴禾杂物，还隔出一角来做厕所，渐渐破败了。水碓的取消和没落使林坑村失去了一处极有生气、极富诗情画意的风光。近来各地大兴农村旅游，水碓、油坊之类成了很有吸引力的东西，林坑村就在祠堂基对岸山脚久已废的小水电站边造了一座水碓，但是从村子里过不去，只有从老水碓往南绕过原来小水电站的厂房才能到达。水碓本来是村民日常生活所需，而且往往是村民叼着烟袋闲聊交往的场所，很有人情味，这个新水碓却没有这样的气息。小水电站的厂房现在经过装修，改成"美术家创作室"，因为近年有些画家、摄影家和美术学院的师生来采风写生。

新水碓的对岸，也就是祠堂基附近，过去有一座油坊，早已拆掉了。

从山区聚落建筑群的功能看，林坑村现在的情况已经不完全了，它不能像过去那样全面地服务于村民的各种需要了。这一方面是初级的市场活动渗入到山区的结果，自然经济被突破，当然是一种进步，村民的某些需要可以在更大的范围里以更高的质量去满足了；另一方面是有些农耕时代的生活需要，尤其是精神上的，已经退化了。

林坑的农田大多在去仙居的路上，叫作半岭的小村附近。从林坑村去有四五公里，出村先上平坑山，山路很陡。我曾经下决心去看一看，出了林坑村的东南角，抬头望见"三重岩"，眼前一条像天梯一样笔直的上山路，几天前村支书的父亲出殡下葬就是从这条路上山的。那路实在太险，它在山梁脊上，两旁是陡坡，我一步一步攀登上去，几百级石阶竟没有歇一口气的地方，也没有一棵树遮挡。我很快便失去勇气，胆战心惊地回来了。村民种田时要背上犁杖，挑上肥料桶。午饭由妇女烧好担了送去。收获的季节，一担谷子二百斤上下，一天只挑得了两担。2003年3月初，我住的"古村农家客店"老板回家过完年还没有出去，他是江南难得一见的彪形大汉，自豪地夸他能挑250斤的担子从半岭下来。但他也沉重地说：种田最辛苦，比砍竹背竹还辛苦多了，尤其是收稻谷那十来天，边割边挑，累死人。然后又夸老板娘，说她是全村第一劳动好手。这一点我们早就知道，客店里里外外，收拾得一尘不染，十几个人吃饭由她一手操办，还要养鸭、种菜，一天到晚从来不见她休息。老板夸她，本来就晒得发红的脸更加红了，夹一口菜放进碗里，坐到溪边石块上吃去了。

# 溪边孤帆

　　上坳村在黄山溪南岸，前有大溪，后有高山，只剩下窄窄的一条平地，房屋被迫沿溪排成一个单行，一共大约260米长。老住宅只有五六座，在村子中段，西头还有一座毛氏宗祠是老的，新房子造在东、西两端和宗祠与老房子之间。新的老的，大的小的，一共有11座。老住宅有三座是三合院，一座三开间条形的，另两幢很小。一座三合院朝北，两座朝东，为了尽量利用难得的地面，厢房间数多，院子很深。新房子都是单幢长条，东端的那一幢有十三开间再拐出两间，住六家，西端一幢长条的有九开间再拐出一间，住五家，都是人民公社时代集资合建的。

　　溪水由东向西流，我到黄南乡四次，两次在春季，两次在秋季，黄山溪都很平静。但夏季它会闹山洪，老人们传说过去闹过几次特别凶猛的，上坳村遭灾，庐舍荡然无存。所以现存的几座老屋，也不过有一二百年光景的历史。不知在什么时候，沿溪岸用大块蛮石造了两米来厚的坝墙，下游到祠堂以下六七十米，上游抵到"将军岩"石壁，离村头也不远。从东到西造了四座门，分别叫上门台、中央门台、下门台和下山门台。原来每座门都有双柱门头，上有瓦顶，下有里外两道门扇，现在仅中央门台才有，而且只剩下一道门扇。闹山洪的时候，门口都叠起沙包挡水。1949年和1964年，洪水还是进了村，

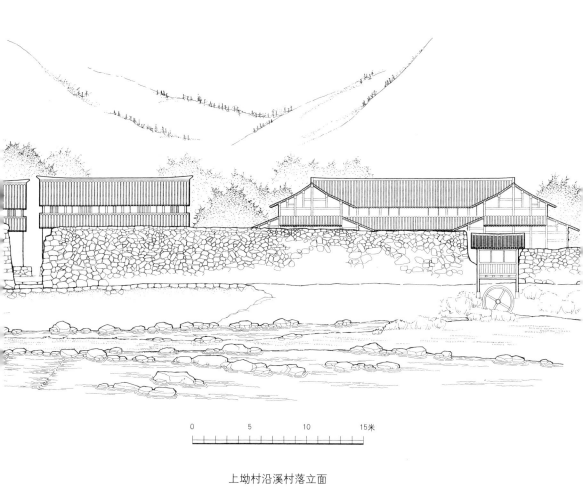

上坳村沿溪村落立面

村里水深一米多。近年因为黄山溪上游四海山林场的森林长势良好，山水渐渐缓和了下来。

过去，山洪多，土匪也多，防水坝兼当防匪墙，设一排铳眼，至今还历历在目。

大块蛮石砌成的堤坝围墙，看上去好像从地缝喷出来的岩浆凝固而成，从太古以来就经受着洪水的冲击。但石缝里长着些薇蕨，石面上布满了苔藓，又有几根纤细的竹竿靠墙搭成架子，挂满了瓜藤豆蔓。墙根溪边，散落的大石头上蹲着妇女，衣裙鲜亮，洗着碧绿的青菜、艳红的萝卜，准备腌制。老人们团坐在门台前，晒着太阳，轻声细语，照看孩子们的嬉闹。走在坝墙外的小路上，为生存而艰苦斗争的古老历史和当

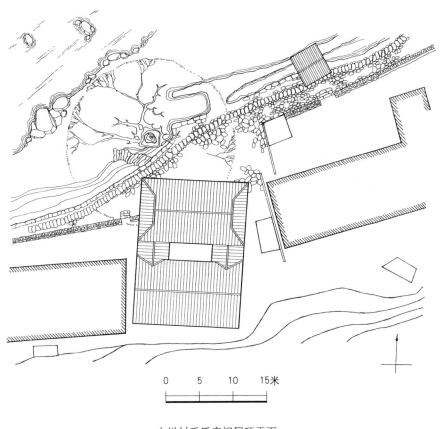

上坳村毛氏宗祠屋顶平面

前祥和宁静的生活一起扑面而来。那种感受会教人变得深沉。

黄山溪这名字是现在画地图的人给起的,村里人并不知道。我问他们这溪叫什么名字,他们只说叫"门前溪"。同样,村子后面的山就叫"背后山"。这跟林坑的大坑、南坑一样,非常直观,是再简单不过的了。毛氏宗祠后面有个小山包,也同样简单而直观地叫作"祠堂山"。只有祠堂对面、溪北岸的案山叫作"塘鱼头山",算是有了个雅号。比起楠溪江中游村落的山水名称,芙蓉峰、笔架山、卧龙冈、五鹅溪、珍溪那样文质彬彬的名称来,上下游两地文化的差异非常明显。上游的山民并不在意给山水起个优美一点儿或者吉祥一点儿的名字,对于名字,

上坳村水碓

他们并不抱什么特别的企望。现实的生活也使他们失去了对科举功名、金山银海的梦想。

上坳村正面，黄山溪宽达60米左右，水深而且流缓，北岸"四面屋基"西南脚下有一块平地。它的上下游都是深谷急滩，两岸陡崖直插到水边，所以，上坳村是收集毛竹扎排下放的起点。这里只有一条很窄的地段，并不利于建村，毛氏始迁祖不但在这里定居，而且继续发展了至少三百年，大概就是为了占水中放排的便利。在1991年砂石公路建成之前，上坳村的居民的确由于这点便利而在经济上优于林坑村。在这个实际上的地理优势对照之下，居民们对虚幻的风水之说比较淡漠。

背后山东臂是一道悬崖，叫将军岩，它的对岸也有一道悬崖，也叫将军岩，它们关锁住上坳村的上水口，就是"天门"。村人遗憾地说，将军岩在上游，村子后面，这风水不好。将军嘛，应该在前面率领队伍，那样风水才好，村子才能发达。黄山溪向下一点点，过了林坑溪口，就忽然缩小到不足25米宽，这里就是小水口了，毛氏宗祠锁住它的南岸，祠前一棵几百年的大樟树居然逃过"大跃进"的灾难，依然枝繁叶茂，覆盖一大片地面、溪滩。从大樟树往上二十来步，下山门台前面有一座水碓。宗祠、大树、水碓，这是南方农村水口常有的好组合。

大樟树下放着两排大卵石块，磨得光光滑滑发亮，夏季乘凉的人都爱坐在这里，和中央台门前一样是个休闲中心。中央台门阳光好，是冬天的休闲处，大樟树下有阴凉，是夏天的休闲处所。水碓本来是古老的，舂谷磨麦都在这里。1964年一场大水把水碓冲毁了，这时林坑和上坳合力在林坑建造了小水电站，于是在宗祠后面造了一个电力磨粉碾米的作坊。1992年华东电力网联成之后，电价大幅度下降，林坑小水电站废掉了，但上坳的这个电力碾米作坊上了网，还在经营。稻谷脱壳，每百斤收2.5元，麦子磨粉，每百斤收7元。林坑的人们都挑粮食到这里来加工。

祠堂往下本来再也没有房舍。村里人说，又狭又长的上坳村像一条船，大樟树就是船帆，船头向下，还没有最终造成，所以帆在船的前端，因而船不会走。什么时候船头造成了，船就会随流而下，走了！为了不让上坳村走掉，船头便永远不要造成，也就是说，大樟树往下不能再造房子了。但是，往下便是永嘉县城，便是温州，便是无边无际的汪洋大海呀！现代的温州人是不怯于漂洋过海去开拓市场的，上坳人为什么要这样害怕离开故土呢？故土并不能供给丰足的衣食啊！好了，近年来，祠堂之下终于造成了两幢房子，有了船头。虽然大樟树被火烧了一半，村人们很惋惜，说上坳的风水坏了，然而，不管它风水不风水，上坳人扬帆起程了，全村男女老少386人，却至今有一百多人在外地打工经商，虽然从做鞋、理发、弹棉花这些小手艺起步，近来也有些小老板

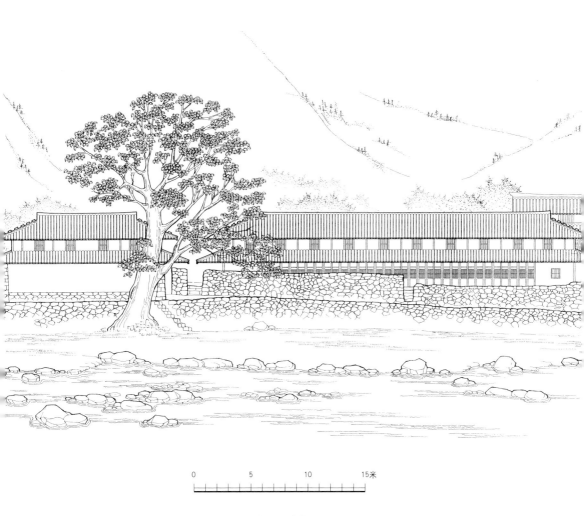

了。2002年11月我在中央门台前就跟一位年轻人聊过天，他过去帮人销售眼镜，过了年再出去，就准备盘一个小厂自己当老板了。

　　林坑村的美，是因为房舍和山形极其和谐地结合在一起。上坳村的美，则是因为房舍和水势和谐地结合在一起，它不是直接天然的结合，非常亲密交融的结合，它是一种经过几千年的生活在人们心目中早已成为一体的船和溪的结合。那一带粗壮有力的蛮石堤坝是船身，水平展开的屋顶是船篷。正面向东的三合院，展现了楠溪江特有的最精致微妙的屋脊曲线，正面向北的三合院则展现了楠溪江特有的最轻巧伶俐而又丰富多变的山墙。村子两端的长条屋的檐廊又使这艘船通透空灵，接纳环绕着它的山光水色。它泊在五六十米宽的大溪岸边，溪流哗哗在乱石中溅起雪白的飞沫，又像这艘船正破浪航行。从溪北望去，那景色非常动人。在黄南村《潘氏宗谱》的"八景诗"里，竟有一首《上幽林泉》，写的是：

> 偶来幽上路，萧旷远尘氛。
> 村密调莺语，溪深驯鹿群。
> 上窗青在竹，入户白生云。
> 欲问巡司迹，遗言罕有闻。

遥想当年竹树掩映，莺啼鹿鸣，又是一番景象，可惜现在已经见不到了。

从毛氏祠堂往下，黄山溪向北拐了个大弯，两百多米，绕过岬角再向西南折返。把黄山溪逼出这两个弯的山岬叫眠牛山。几位老人家拉住我，指着西面对我说，那眠牛山，从南向北走，越走越低，到尽处便浸入溪里，那是牛头在饮水。看看，那是牛颈项，那是牛肩膀，那最高处是牛胯骨，下去便是牛后腿了。这眠牛山是上坳的风水山，山上树木长得好，村子就好，树木不好，村子就不好，所以那里封山育林一向比较认真。牛嘴形成岬角，逼近对岸，形成关锁很紧的中水口。过去，这里造过一座庙，叫陈五侯王庙。但是，它太灵异了，村子里晾晒什么衣服，庙里就会同时出现什么衣服，村人们不免害怕，怕有妖气，把庙拆了，向上搬到离祠堂两百米左右的地方，就在牛肚子下面，重造了一座。大概是太不灵验了吧，后来破旧倒塌了，现在房基还在。拨开浓密的散发出香气的蒿草，墙垣、台基、神座等等的痕迹一一可以指认出来。

陈五侯王是何方神灵，这是个谜。十几年前我们在楠溪江中游工作的时候，就没有弄清楚他是谁。这次到上游，见陈五侯王的崇拜大大盛于中游村落，几乎村村都有他的庙，于是试图再追问一下。但东问西问，谁都不知道。有一位说：陈五侯王是陈十四娘娘的弟弟，赤手空拳打死老虎救人的。陈十四娘娘就是福建的临水夫人陈靖姑，但查一查有关的书籍，例如120多万字的《闽都别记》，并没有提到陈靖姑有一个弟弟。又有一位说，不是陈五侯王，是陈五牛王，主管牛的繁育、疾病等事情的。打虎和养牛，都严重关系到上游农民的劳动生活，这样的"神灵"会受到普遍的敬重，当然是很正常的。但这两个答案都没有根据，很难采信。最后在芙蓉村的《陈氏宗谱》里得到一篇写于明洪武二十一年的《宋陈五侯王庙碑记》全文。写的是下坞村的陈五侯王庙，庙的正式名称叫"显应"。下坞村在中游，芙蓉村北五六里，碑记里写道：芙蓉村先有一座陈五官庙，"坐镇一乡，民居数千口，咸依密佑，多历年所，祈祷随而显应不可弹述"。碑记作者认为，下坞村的陈五侯王庙，应是芙蓉村陈五官庙的支庙。但是，"其自出世代及侯爵之锡则未闻也"，就是说，对陈五官的出身来历不清楚，陈五官怎么变成陈五侯王，谁封的，也不清楚。不过碑记里有几点写得很明确：一、芙蓉村的陈五官庙非常灵验，"如乙酉（1225）秋，水旱在处为灾，及绍定三年（1230）夏秋，疾病流行，死者委积，此方居民，日祈祠下，如响答声，独免无危。为国民遂有功绩"。二、陈五官庙的功绩，是经过宋理宗时两浙转运司奉尚书省和礼部的指示"申究核实，明是实状，候敕旨批"的。绍定五年（1232）七月廿三日"奉旨敕宣赐显应庙"。但是早在"乙酉"和"绍定三年"的功绩之前，已经有了芙蓉村的陈五官庙，而且"多历年所"。那么，陈五官为什么能享庙祀，"坐镇一乡"，香火很旺？这个问题不回答，"碑记"就并没有说明什么。但"碑记"提供了一条线索，它说：陈五官"名盈，居小源，宜显应先于芙蓉也"。小源就是楠溪江最大的支流小楠溪，1991年我们在那里的水云村工作过，村子外面有一座陈王庙，显然就是陈五侯王庙。我们当时从村人处打听到的"神话"是：陈王是本村的贫苦农民，衣食难继，一天结伙上山砍柴，休息时对同伴说，昨夜有神仙请他宴会。同伴不信，而且取笑他，他就当场吐出一大堆酒肉

林坑村竹林小景

来。同伴们大惊，从此敬他为神。后来有些儿灵显，死后就给他造了庙。那么，这则"神话"就是关于陈五官或者陈五侯王出身的最"可靠"的说法了。庙宇遍楠溪，甚至如下坞的庙"栋宇视乡之诸神庙为壮观"的陈盈，履历不过如此。这故事倒很有意思，一个农民如此这般吹了大话被敬为神，一个皇帝经"审究核实"之后降旨赐庙额，最低层的农民文化和最高层的庙堂文化交融在一起了。没有原则，只讲实用，这是中国文化的特色之一，所以中国没有真正意义上的宗教；不求真，不求实，这也是中国文化的特色之一，所以中国没有能发展出真正系统化的科学来。归根结底，"万寿无疆"叫得多响亮的庙堂文化不过是幼稚得可笑的农民文化而已。

陈五侯王跟陈十四娘娘没有关系，这大概是定论，不过上坞村还是有陈十四娘娘庙的。庙在黄山溪北岸，"大岭四面屋基"小山包的西南脚下，原先去林坑村的石子路的口上。那里已经是荒草野藤，连遗迹都看不到了，但是有个小地名叫"殿下"。这一带的人都把庙叫作殿，殿下就是庙下，那么这里肯定有过庙。我问过许多各种年龄的人，大多数都说不知道，只有两三位成年人，说那里曾经有陈五侯王庙。我问，一个村子怎么会造两座陈五侯王庙？他们答：那有什么不可以，陈五侯王庙多了！有钱人家里出了难事，或者心里有个想头，就捐钱造庙，大家出工，很便宜的。倒是有一位年轻人，一口咬定那里原来是陈十四娘娘庙。他说是他爷爷亲口告诉他的。他爷爷在村里很有威望，虽然早已过世，但别人不敢辩驳，于是就都点头，连声说：哦，哦！

陈十四娘娘原是福建的神，本名陈靖姑，得道之后被封为临水夫人。在福建，凡有人烟处便有临水夫人庙，和妈祖差不多比肩。楠溪江流域有很多居民是因五代时南闽国内乱从福建迁来的，带来了陈十四娘娘崇拜。叫陈十四娘娘而不叫临水夫人，想来是农民的习惯，这样称呼更亲切得多。陈十四娘娘是年轻女子，专事扶危济困，又能救产保赤，当然在农民心目中很亲切的，何必用封赠的夫人名号相称。至于叫陈五侯王而不叫他本名陈五官，大概因为他是男性，职司打虎，自然名号有点儿威风更好。

上坳也崇信焦岩爷。村北尽头之外不远，山脚下有个岩洞，洞里供着焦岩爷塑像。村人说，老的塑像眉目很凶，脸上贴金，钢刺般的络腮胡子，灵爽异常。打猎人上山之前去烧香磕头，必定能获大丰收。求雨也行。但那像被仙居人偷走了。现在的像不大，也不好看，本村人自己做的。村后山上，焦岩爷兄弟脱凡出圣的地方，叫焦爷垟，也有岩洞，村民也去烧香。近年村人在那里造了一座庙，据说很漂亮。有的人说叫焦岩爷庙，有的人说叫五圣庙，献给五兄弟的。村里自己新建不久的庙，连庙名都弄不清，我打算去看个明白，山高路险，村人们竭力劝阻，天又下雨，便没有去。

有两只虎爪柱礎的毛氏宗祠，是黄岩县南丰村、田家庄、龙潭村，温岭县竖石村，仙居县磧下村，永嘉县岙头村、理只村（旧名里崔）、沙埠村和林坑村等这些毛氏族人聚居点共有的。它们相距最远的有五六十里，过去祭祖的时候各村人都来。山区村子又小又穷，分不起房派，造不起宗祠，只好这样凑合着了。看中游的大姓富村，一村就有十几座祠堂，真是难以比拟了。

关于这座毛氏宗祠也有一些山里人特有的传说。说的是宗祠本来在林坑，咸丰三年（1853）被山洪冲垮，全部木料顺流而下，那棵最重要的栋梁被上坳村西头的大樟树挡住，留下了。毛氏族人们议论说，这表明祖上太公们喜欢这块地方，于是便在大樟树下重建毛氏宗祠，栋梁用的就是从林坑冲来的那一根。像这地方几乎所有的事情一样，因为说不清，所以说起来有许多版本。当然，关于毛氏宗祠也有不同的说法。有人说，林坑的毛氏宗祠本来是林姓人的宗祠。林姓人合族搬迁到道基去而毛姓人搬来林坑，这宗祠就改为毛姓的了。大水冲毁之后，一来怕房基地产权日后纠葛不清，二来怕祖宗不愿意住在林姓人宗祠地盘上，所以就没有重建。这第二种说法没有说到上坳的宗祠是造于咸丰三年之前呢还是以后。这个问题是不可能有答案的，连上坳村的20世纪90年代末期才造的大桥，究竟造于哪一年，我们一直都没有问清楚。山区人们生活十分简单，而且随着春种秋收而年年重复，所以老年人对长达一年以上的时间就不大弄得明白了。年轻人则很不关心老家的情况，心里盘算的是出去打工经商。

毛氏宗祠不大，一个祀厅带神牌龛，单层的两厢，倒座是门厅带戏台。因为宗族活动基本停止，戏也不再在这里演了，办过几十年的小学也早已迁出，所以宗祠只用来养猪、堆柴草，已经破烂不堪。尽管如此，上坳人对毛氏宗祠的地位之高还是引以为荣，地位高的标志之一当然是那对虎爪柱磉。标志之二是祠堂大门扇上画的一对门神是全身的。村民说，普通人家祠堂，大门扇上画的门神只能是半身的。画了全身，文官见了下轿，武官见了下马，所以也是僭越的，要杀头。这对全身门神也是皇帝为答谢毛顺乾而破例恩准的。其实呢，这类建筑的大门扇上，如果画门神，都画全身的。我们根本就没有见过只画半身的门神。

很早很早以前，毛氏老祖宗把族中的公产山场都给了上坳村，规定每年祠堂演戏从山场收入里出钱。所以林坑人来看戏不花钱，坐在前面几排，享受优待。而且踏着乱石过黄山溪的时候，上坳村专门派人去搀扶，逢到水大，甚至去背负，山乡农民这样质朴纯真的兄弟情谊，真是"怡怡如也"。1951年土地改革，把山场分掉了，演戏的钱由村里大家凑份子，林坑人来看戏就得花钱买票了。某日，林坑村一位老人坚持老规矩，不肯买票，闹了一场纠纷。为了修复一贯亲切的关系，上坳村送了一只猪头赔礼，平息了风波。

2003年3月初，村里人很高兴地告诉我说，就在这个月，要动工修宗祠了。我第一个想到的问题是：哪里来的钱？他们说，拓宽41号省道，占用农田，赔了大约两万元；施工队租用小学校舍，要给一笔钱；要造新房子的人家申请房基地也得出些费用，加起来有几万元。大家再出上点儿工，就够了。这笔账里没有林坑的份子，为什么？有些事将来怎么办？我都不便多问。

公路施工队租用的小学校舍在黄山溪北岸，早先陈十四娘娘庙的旁边。那是20世纪80年代造的。小学本来在毛氏宗祠里，实在太局促了，才和林坑村合资造了这所小学。小学的布局很像庙宇，甚至进大门的倒座还有一座戏台。20世纪末，为了提高教育质量，县里推行"撤点并校"的方针，这个小学被取消了。近来拓宽省道，拆掉了它的前半部，戏台当然也就没有了。村里的干部们打算把剩下的部分修一修，当作村委会的办公用房。现在林坑和上坳的孩子都要到大约三公里外的庙前去上黄南口中心小学，步行要半个多小时。林坑有一位个体户，自备一辆面包车跑客运，可以带小学生去上学，每个学生一个月收20元，费用不低。有些家长很怀念过去那种"把学校办到家门口"的方针，但那种家门口小学不可能聘到水平合格的教师，这也是个两难的问题。我们到位于山上的理只村去，那里的孩子，7岁一上小学就得在庙前住校，一星期回家一次。回一次家也不容易，我们从林坑乘乡长的汽车去，要跑15分钟左右。中学过去在李家坑，"撤点并校"之后，搬到距黄南口还有15公里的岩坦镇，这边的孩子去上学，一律只能住校，费用太大，孩子们的中学入学率降低了。有些不很宽裕的人家，孩子读书到认几个字，会写信，会算算简单的账，就不再读下去了，跟着叔叔伯伯大哥大姐出去打工，做小生意。现在林坑、上坳、黄南，出去的人不少，但多是卖鞋、理发、弹棉花，开低档的服装店或餐饮店等等。一到秋末，纷纷回家过年，闲住几个月，耗掉一大笔收益，来年春尽才重新出去。钱攒多了就买房子，造房子，有些境况好的，在温州买了房，在瓯北也买了房，还坚持要在老家再造一幢房，其实并没有什么用处，仅仅是因为还没有消解掉祖祖辈辈传下来的"故乡情结""造房情结"。只有在故乡造了房子，才算人生扎下了根，在外面，不论多么有出息，也都是"身在异乡为异客"。跟他们谈起来，大多数人做生意没有长远打算，没有积累资本扩大经营的意识，只是低调地说：难！难！我想，除了体制上的问题，这和所受的教育水平不够高大概有相当大的关系。教育不但会提高他们的能力，而且会增强他们的进取心，这一点我以为是肯定的。上坳村那只船，真要扬帆远航，总还得乘教育的东风。

申请造新房子的，现在有32户，要造60间。新房子已经有了统一的模式，将是一户一间或两间的联排式住宅，每间3.6米面阔，13米进深，外加一个通面阔的1.2米宽阳台。每间造四层，连阳台总面积为187.2平方米，和永嘉县城上塘镇的房子一样。这批房子将造在毛氏宗祠对岸往西。那里地势平坦，靠公路，是块好地方。上坳老村地段逼仄，容不下新房子，近几年已经有15户人家在溪北造了27间房子，一律砖墙、混凝土楼板和平顶。有些还在外墙面贴了白瓷砖。这样的房子造起来简单而且快速，内部光线好而且整洁，价格也便宜，很受欢迎。2000年以后，林坑村在"祠堂基"左右和"祠堂外"也造了几座类似这样的房子。上坳村的新房子，虽然大大损害了老

黄南村建筑与环境

村的环境，但还没有直接损害老村本身的原始面貌，林坑村的新房子，正好扼住村子的入口，对老村的面貌损害太大了。林坑小盆地里实在已经没有余地，本村人不肯调剂空房基和空房子，邻村又不肯协作，将来新房子或许不得不造在进村的那条狭长的峡谷里，大肚崖的对面，那将会大大破坏老村的历史氛围。2001年，林坑村的主事人看到了有可能把老村作为文物保护下来，便在进村峡谷里沿小溪种了一排桃树，企图造成武陵渔人亲历的景色：溪畔桃花林，"夹岸数百步，中无杂树，芳草鲜美，落英缤

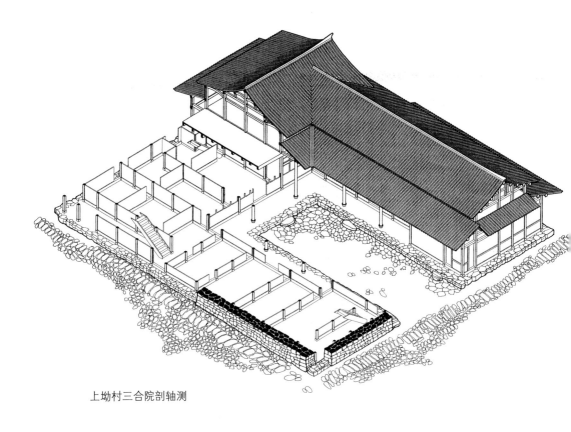

上坳村三合院剖轴测

纷"。但是，如果没有上级政府强有力的政策支持和统筹安排，没有本村人的长远眼光和宽阔胸怀，没有邻村互利协作，林坑的桃源梦将会破灭，终止于"后遂无问津者"。

小学办在黄山溪北岸，新居住区造在北岸，我自然想到人们过去怎样过溪的问题。村人们说，跟林坑一样，也是从溪中大石头上走过去，旧日溪里的石头比现在的多，比现在的大，在天然的石头之间，如果间隙太大了，会有几块石头丢进去填补一下。也是因为近年造房子、造桥、造公路等工程取走了大量石头。1954年，农业合作化时期，由高级社出钱，村民投工，在中央门台和下门台之间，造了个"上矴步"，这里其实是溪面最宽的地方，60米上下，不过矴步两头都有石滩，所以只有43步。水平时够了，涨水的时候会淹没矴步。竹排是在上面水流平静的地方编扎的，编成了之后下放要过矴步，矴步就在靠近南头处留一个3米上下的缺口，不放排的时候在上面搭一块木板过人。在"上矴步"

的下游，毛氏宗祠再下去大约50米，溪床最窄的地方，又造了个"下矴步"。1991年，永嘉到仙居的简易公路造成，沿黄山溪北岸过，1995年，以外出打工挣了些钱的人为主，集资24万，在上矴步上游50米左右，中央门台上首，造了一座钢筋混凝土的大桥，四十几米长，宽度大约4米。它大大改善了老村的交通，但也大大改变了老村的面貌。老村苍古的风韵被扰乱了。大桥建成之后，1998年一场大水，把上矴步冲垮了，因为用处已经不大，所以没有修复，废掉了。

建造矴步是一件艰难的工程。矴步的做法很复杂，先清理矴步基底，去掉碎石流沙。立好矴石，在矴石上下各七八米至十来米的地方，顺着矴步放置刚刚砍下的粗大松树干，树干上凿有透孔，把松木桩从孔里打进去，打进基底，把大松木固定牢靠。另有若干两米多长比较细的松木，一头用榫卯固定在大松木上，一头贴基底伸向矴步，成梳子形状，梳齿间距有两三米。从上游大松木一直到下游大松木之间铺镶石块，很平整，压住形似梳齿的松木，石块间的咬合要严密。这样造出来的矴步才牢靠，能抵抗不十分凶猛的一般山洪。新鲜的松木含油脂，在水里不会腐烂，很耐久。当地有乡谚："千年水下松，万年楼上枫。"用枫木造房子也很耐久。现在上矴步虽然废弃了，矴石已经缺失了不少，但上下两道大松木之间铺镶的石头还残存不少，挡得溪水滚出些浪花来，白沫飞溅，哗哗作响，很生动有活气。

矴步和桥，对上坳村民很重要，因为上坳村的农田大都在溪北，或者要先过到溪北才能去。最大的一片田在炉山，有60亩。去林坑的小路西侧有5亩，溪北岸有20亩。从上坳村背后可以直接到达的"山凹"有20亩。到这些农田去，道路还近便，不像林坑人到半岭去下田那么辛苦。

# 此处空余俏楼台

2001年仲春的一天，我来访问黄南乡的三个山村，到上坳、林坑去之前，先到了庙前，在那里碰上一家人请道士做道场。仪式很隆重，几张八仙桌并成一个大供桌兼香案。供桌上摆满了果品和鱼肉，香案上烛光摇曳，香烟缭绕。上头矗着几方大纸牌，写满了各种神祇的名号。引起我注意的是，所有的神祇都是地方性的，有的名号甚至叫什么"大王"，其中也有白鹤大帝。看了一会儿热闹，几辆摩托车飞驰而至，驾驶人下得车来，脱下西服，从包包里抖搂出法衣，披上，就举行法事仪式。一时鞭炮炸响，早就候着的乐队循环奏出《魂断蓝桥》《拉德斯基进行曲》《我是一个兵》《百鸟朝凤》等等的旋律。法事仪式的动作很细琐，我听不懂也看不明白，好在很快结束了。主家再三邀我们入席吃一顿。设的是流水席，有五六桌。我很有兴趣地等道士们换上了西服，跟他们坐在同桌吃饭。道士是从瓯北请来的，各有职业，业余当道士，一个月做得上三四回，每回每人不过得五六十元，收入不多。道场有两类：一类是家里有难，比如有重病人需要禳灾；一类是做好事，出去经商赚了点儿钱，回家来办一场，给村里人祈求平安得福。这天做的便是平安道场，问道士们，神牌上各位神祇的出身职司，他们也不清楚，只知道是师父传下来的。问他们念的什么经，什么咒，他们不回答，只低头大吃大喝。吃饱喝足，我们下得台阶来，爆竹的碎纸铺了满街，一片艳红。主家说，明天就要出去做生意了。问他干什么，说在北京五道口服装市场租了一间摊位。后来在林坑村里也见到两对夫妻在五道口摆服装摊，都是女的看摊，男的在住处踩机器，完成了便缝上商标，冒充什么品牌。他们的孩子留在本村，有老人的给老人带，没有老人的，托给人家带，一般是300块钱一个月，好的350到400块。我在上坳村见到一位代人看孩子的妇女，看着一男一女两个，男孩脸上贴着几处纱布，说是跌了跤，眼角边伤口还缝了几针。这些"改革"以来走出山林到大市场里去拼搏的第一代人，没有资本，没有知识，靠的是什么东西都吃得下，什么地方都睡得着，什么样的工作都肯干，什么样的窝囊气都肯忍，千辛万苦十来年，才攒一点儿钱够租个摊位，学了点儿手艺能做几色衣服，或者理发，或者修鞋，或者倒卖些鸡零狗碎，才勉强在城市里待住了。熬出一点儿狡猾，逼出一点儿欺诈，但是，手头有了几个钱，还惦记着山村里的父老乡亲，花钱给他们做个道场祈求各种神祇的庇佑，依然显出山村里人们的善良和厚道。

庙前就在黄南口五孔大拱桥北头偏西一点，正对着黄山溪和黄南溪的交汇点，是黄南口中心小学的所在地。从庙前到黄南村，不过一里多路，先向西走到溪边再拐弯向北，便见到了对岸的黄南村。

黄南村在黄南溪的西岸。黄南溪源头比黄山溪近，山谷窄，溪床也狭。溪水从北往南流，黄南村以北，溪两岸的山陡峭而逼近，绕过村北的小山岬之后，西岸的山坡向后一仰，形成一个缓坡，溪谷因此豁然开朗，黄南村就趴在这块山坡上。一过黄南村，西面山坡又突然向前凸出悬崖，极险峻，于是溪水急急向东拐去，不远就和黄山溪汇合。村北的小山岬那儿是村子的"天门"，村南的悬崖那儿便是"水口"了。

水口西岸，从溪里冒出一块独岩，岩石上原来有一座不到20平方米的三开间小庙，被浓密的灌木围着，被蔽天的松柏盖着，这又是陈五侯王庙。庙下一汪碧绿的深潭，叫庙下潭。1999年，黄南乡政府执行温州市宗教事务管理局的指示，雇了一帮壮汉来，转眼间便把这座可爱的小庙捣毁了，说陈王崇拜是"邪教"。村民们不知道陈五侯王是什么人，

黄南村南侧山路南立面

但都知道那是"好人"。他们不明白,祭祀好人为什么是"邪教"呢?
中国农村有许许多多不明来历的"神明",都是人格神,长年享受着香
火。或许楠溪江流域这种神明多一些。嘉靖《浙江通志》说:"始东瓯
王信鬼,故瓯俗多敬鬼乐祠。"嘉靖《永嘉县志》也同样说:"汉东瓯王
信鬼,俗化焉,尚巫渎祀。"最生动地记述这种情况的是晚唐诗人陆龟
蒙,他写的《野庙碑记》里说:

> 瓯越间好事鬼,山椒水滨多淫祀。其庙貌有雄而毅、黝而硕
> 者则曰将军,有温而厚、晰而少者则曰某郎,有媪而尊严者则曰
> 姥,有容而丰色者则曰姑。其居处则敞之以庭堂,峻之以陛级,
> 上有老木,攒植森拱……农作之悯怖之……虽鱼菽之荐,牲酒之
> 莫,缺于家可也,缺于神不可也。

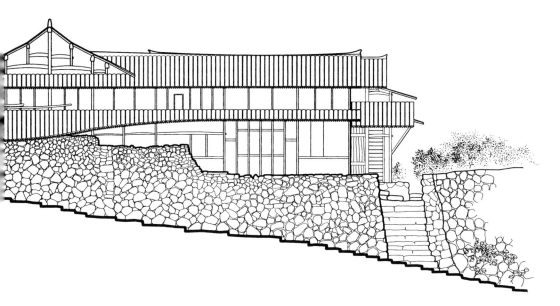

陈五侯王的崇拜，无疑是这种淫祀之一。不断有一些高扬儒教伦理的"有司"们，反对这种泛灵论的杂神崇拜，卖力禁止。明代大书法家、画家文徵明的父亲文林在当永嘉县令的时候，曾经雷厉风行地毁过淫祠，但都没有效果。不料在"文化大革命"的暴行结束之后二十几年又演出这么一场闹剧。泛灵论的杂神崇拜是从贫苦农民衣食难继、灾病难逃、命运难测的生活中产生出来的，和自然力崇拜一样。只要产生的条件还在，这种崇拜就会盘踞在农民心中。先有心中的崇拜，才会去造庙，不是先有了庙才去崇拜的。所以，企图用"毁淫祠"的办法来禁止"淫祀"，绝不会有什么效果。庙毁了，岩石缝里还可以见到新插的一把一把的香。道场还在做，风水还在寻，面相还在看，八字还在测。

从陈五侯王庙对岸沿溪向北走一百来米，有一道不长的矴步，过矴步向东北走，道路缓缓上坡，过三官殿，离溪岸大约一百米了，左手边高处是一段蛮石村墙和一座潘氏宗祠。从宗祠脚下过去，上一段陡坡，向

佳溪村住宅〔李玉祥　摄〕

右一拐，从黄南村的东北角掠过，下坡，就到了上水口，天门。这里又有一条矼步。过矼步，再往上就到山旱村和岩门下村去了。黄南村就把守在路西边。村口小小的三官殿，只有一间，四角攒尖顶。三官殿供天、地、水三"官"，在楠溪江中游很多，村村都有，而且经常不止一座。田野间的风雨亭和山岭上的路亭里也大多供着这三位神灵。上游村落里倒是少得多，难得有这一座。可惜早已经被拆毁了。三官的出身来历也是各种说法歧出。最简单是说他们便是尧、舜、禹，先后从元始天尊的嘴里吐出来。最流行的说法是他们姓陈，父亲陈郎是个美男子，龙王爷把三个女儿都嫁给他，各生了一个儿子，神通广大，法力无边。因为他们各自出生在上元日、中元日和下元日，所以叫"三元大帝"。元始天尊分别封他们为"天官赐福紫微大帝""地官赦罪清虚大帝"和"水官解厄洞阴大帝"。赐福、赦罪、解厄，这几乎包含了人们对一切神灵祈求的全部内容。人们敬拜三官，是对生活美好的企求，在无可奈何的时候，三官殿给人们一点儿希望，一点儿寄托，这也是人情。当人们不再需要它的时候，它还会点缀在对乡土的怀念里。十年前，我们在中游的村里村外奔波，到三官殿里休息、乘凉、避雨，深深体会到遍布田头路边的三官殿，给劳作的人们带来乡谊的温暖。黄南村的这座三官殿，就是对进出山早村和岩门下村的路人的亲切关怀。留住这座三官殿，能多给人心一点儿春风化雨，拆除了便什么都没有了。1992年，沿黄南溪东岸建成了简易公路，去上游的行人不再走这条石子小路了。

1975年，在下矴步往上十几米处造了一座石拱桥，拱跨27米，桥面长54米。1974年黄南口五拱大桥完成之后，造桥的分为两路，一路到林坑造了永平桥和永安桥，一路就造了这座桥。造桥的都是农民工，并没有工程师。那时正是"文化大革命"，政治挂帅，要的是证明"卑贱者最聪明"这条"真理"。工程师是知识分子，根据"知识分子其实最没有知识"这又一条"真理"，靠边儿待着去了。这些农民工倒真是聪明，几条桥都很结实可靠。黄南村的拱桥造成之后，下矴步便废掉了。矴步贴在溪床上，很低，走矴步要下一边岸，再上一边岸，水涨上来人便不能过，现在大桥高高，汽车一直可以开到祠堂下面。民国《潘氏宗谱》里有几首《题篁南诗》，其一里有句"矴步横残雨，叩亭接断霞"，说的矴步应该是这条下矴步，叩亭则是那座三官殿。这种诗意的小景，可惜再也看不到了。2001年我到黄南去，在这里给一位举着大枝杜鹃花的小姑娘拍了几张照片，人美，花美，景也美，大概说得上吊唁了这条矴步和三官殿。不但下矴步被废掉，被废掉的还有1960年代新造的一条矴步，在上下矴步之间，由东向西差不多正对着村子的中心。

村子很小，1949年以前造的老房子只剩下7座，其中一座是宗祠。1950—1959年间造的有六座，另有两座是1960—1969年间造的。村子中央有两块老房基，村子东北两丘梯田本来也是老房基，都是1949年以前的，房子先后失火烧掉了。1970年之后没有再在村里造房子，新房子都造到大约一公里之外的庙前、桥头和黄南口去了，在那里形成了新区。村民不再有在老村造房子的愿望。老村已经很冷落。黄南的房子，除一座朝南外一律朝东，不论是1949年以前的还是1969年造的，都是当地传统式样，整个村子的建筑风格统一和谐，只有祠堂的前脸，也就是东立面，几年前经过大修，砌了一堵灰砖墙，抹了白色的灰，和全村格格不入。

林坑村（李玉祥 摄）

祠堂的形制很一般，一个院子，有祀厅、两廊和戏台。尺度小，布局紧凑，对一个几百年里人口都不曾到过一百的小村来说，足够了。近几十年来，春节期间偶然有外乡戏班子来演戏，演一天（15—18点）一夜（18—24点）要一千多元，很贵。县剧团来演不要钱，村里只管吃、住，再有烟有酒招待就可以了。

村里有两条东西向的路，北边一条横贯全村，它垂直于等高线，层层台阶一直登上全村最高的一座住宅，然后出村上山。另一条横贯西半个村子，在村中央被一条南北向的路截住。它也是层层登高。北边的那条，曲曲折折，两侧房屋紧逼，错落欹侧，境界十分深幽，房屋向东，前后落差很大，房基砌大块蛮石取平，高高的，粗犷雄健，很有气势，上面房屋的木构轻巧挺拔，屋檐宽大飘逸，一层摞一层，一弯接一弯，变化非常丰富。靠近中央的那一条路，两侧比较宽松，种着些柚子树，秋天挂满肥大的果实，深绿色，一直挂到第二年春天，转成金黄色，自己不吃，人家不买，便任它们挂着，喜气。大台阶蜿蜒呈曲线而下，非常婀娜优美，而且境界开阔，风味和北边那条恰成对比。四条南北向的路和等高线平行，只有一条贯通全村，其余的都很短。祠堂南还有一条由东北而西南的斜向小路。每一条路，每一个转折，景观都随脚步而变换。

除了北部中段那一块，黄南村的房子比较疏朗，空基上点缀些树木花草，蛮石墙缝里，竟开出耀眼的黄菊花来。西北角最高处的那座房子边，有一棵很高大的茶花树，我每次走过那里，老太太都要说一遍，这树有一百多年了，现在还很壮，每到盛花季节，整棵树都是红的，能开两个多月呐。有几户人家，屋边还有个三四平方米的水池，养着田鱼。田鱼是楠溪江特产，从春末到仲秋，放养在水稻田里，不用喂。收割之前养到水池里过冬，喂饲料，来年插完秧再放回田里去，养两年长到一斤左右就可以卖了。

黄南村的农田有一大片在村子与黄南溪之间，有一片在村后山上，还有更多的在水口外，下田耕作远比林坑和上坳方便。

黄南旧名篁南，显然从来盛产竹子。站在村子的任何一个位置，都看到山峦上一片苍翠，断断续续勾勒着柔软的曲线，风一来，起伏像海浪。黄南溪可以放竹排，1992年简易公路建成之前，村里年轻人大都放过。不过上游的岩门下和山早等村子已经可以放排，所以黄南村人没有像上坳村人那样占便宜，所放的竹排都是自己的。直到现在，就像林坑人、上坳人，运出去的也都是整枝毛竹。唯一的加工是砍下竹梢细枝，把叶子烧焦再搓尽，卖给乐清人或者黄岩人去扎扫帚。只卖原材料，不挣手工钱，吃亏很大。村里人闲下来时，坐在檐廊下张望公路上汽车拉着竹子慢慢驶过，木木的，什么也不想。我问他们，为什么村子里不搞些竹子的加工业呢？他们的回答和林坑人很一致，一是没有钱，二是不会找销路。

和上坳人一样，黄南人也不给村边山呀、水呀起个秀雅的或者吉祥的名字，只把前面的溪叫门前溪，把村后的山叫背后山。黄南溪这名字是如今画地图的人给起的。门前、背后这样的名字是先辈们留下来的，能说明位置就够了。先辈们的眼界只局限在小小一个村子，不关心邻村的山、水叫什么，根本不在乎这样叫出来的名字会和邻村的重复。就和丝毫不关心身边的大事发生在什么时候一样，都是自然生活的心态。不过黄南人也会议论一下风水。除了在峡谷一般的北街中段，站在村里任何一处，都能望到村南的水口，水口两边的山坡，右边的叫"砂外"（记音sowa）山，左边的叫"双贯"（记音shuangguan）山，相对称着缓缓上升，非常舒坦。不知是哪朝哪代，有一位宰相乘着轿子来到篁南，一看这个山水形局，赶忙下轿，连连称赞这山像凤凰展翅，是"凤凰地"。后来仔细一看，水口外远处还有一座狮子山，狮子头上悬崖峭壁，草木不生，正挡住了水口出路，便摇头叹气说：这风水被狮子山克了，不行了，就掉头上轿不顾而去。另一个说法是：从水口望出去的山叫麒麟山，是一颗大大的官印。很早很早以前，一位大官来到这里，见到这颗官印，不敢坐轿，下来步行。后来看到麒麟山下有一座陈十四娘娘庙，便摇头叹气，说风脉已经被这座庙占尽，没有力气再出大官了。村里人说，1964年拆掉了陈十四娘娘庙，才出了几个吃公家饭的人，但没有当官的，风脉确实尽了。又有人说：陈十四娘娘庙拆掉之后，篁南村的风脉转了，转到水口外的庙对岸去了。现在黄南村出去打工的人，手头宽裕了的，都纷纷到那里去造新房子，如今有了小学、卫生院、商店、小饭铺、机动车修理行，甚至还有打字复印店，公共汽车站也设在那里，很热闹了。那里就叫"庙前"。黄南村连一座新房子都没有，人口剩下不到一百，再过几年，这村子就废了。也有人对这个问题另有看法。他们说，毛病出在黄南村本身。村里十几座房子，连宗祠在内，家家朝东，独有东北角那一座朝南，恰恰在那座房子里，近年出了四个大学生，全村仅有的四个。我随村人到了这座房子前，它正面对着水口，望出去重重叠叠的山峰，一层更比一层高，流云缠绕，渺不可测，形势确乎雄壮。不过，经过仔细核实，所传四个大学生，只有两个是真的，另外两个是大专生，这当然已经很难得了。大专生一男一女，男的当着黄南乡计划生育委员会主任，女的是个鞋业集团经理。这位女经理有两个叔叔，一个在瓯北开了家摩托车修配厂，开办费就有七十多万元，另一个在江苏无锡开宾馆。两个大学生都在浙江大学，一个刚入学，一个刚毕业。风水是假，他们读书时候下了多少苦功，我是明白的，不能不钦佩。在这个闭塞而还没有完全摆脱林区山乡落后状态的村子里，只有努力读书上进的决心是不够的，还要有足够的长远眼光，才能支持得住这份决心，去克服重重困难。他们确实是黄南村的凤凰。当然，还必须诚心诚意地钦佩他们的老师们，为了培养学生们，老师们下的苦功往往比学生们自己要多得多。

那座被一些人指责耗尽了篁南村风脉的陈十四娘娘庙，其实曾经是黄南村人的骄傲。它正名叫篁南宫，来自村名，土名叫"六地大殿"，因为庙是篁南、林坑、上坳、李家坑、山早和潘塘六个村子共有的。所谓共有，便是庙田由六村合出，所收租谷供修建屋宇、供奉香火、定时演戏等等的开销。

楠溪江人都说，陈十四娘娘庙、篁南宫和六地大殿，这名称和白鹤大帝庙、陈五侯王庙一样，都是简单而直白，毫无修饰，而楠溪江中游的庙，大多有精心修饰过的庙名，什么孝祐庙、圣湖庙、仁济庙之类。陈五侯王庙，在中游就叫显应庙。上、中游文化的差别不但在庙名上表现得很清楚，同样也表现在宗祠的名称上。

楠溪江人都说，陈十四娘娘是福建的神，原名陈靖姑，被封为临水夫人。楠溪江居民许多是福建来的移民的后裔，陈十四娘娘崇拜在这里十分流行，庙宇不少，香火很旺，一般都拿她当作救产保赤的神灵。关于陈十四娘娘，最详尽的记述在清代乾嘉时期何求撰写的《闽都别记》里。话说大唐末年，闽国泉州刺史要造洛阳桥，苦于经费不足，富户又不肯捐助。观音大士获知，亲身施美人计，骗了一大笔钱，供造桥之用。吕纯阳前来捣乱，斗不过观音，便拔下半茎白发，投入水中，变为白蛇。观音识透玄机，"咬破指头，将血向西北弹送人家投胎为女，以收此蛇"。这个由观音大士指血化成的女儿，便是陈靖姑，诞生于大唐天祐元年（904）。陈靖姑为抗拒早婚，只身到"闾山大法院"许真君门下去学法，"召雷驱电，唤雨呼风，缩地腾云，移山倒海，斩妖捉鬼，退病除瘟诸法皆学精熟。惟不学扶胎救产，保赤佑童"。陈靖姑学成下山，施展法术，屡屡打败吕纯阳白发所变的白蛇精，救出未婚夫成亲，最后将白蛇斩为三段。"地方官"将白蛇盘踞的古田临水洞改造为宫阁，闽王封靖姑为"临水夫人"，住到临水洞中。后来历经斩妖驱魔的各种战斗，收了林九娘、李三娘、高雪梅和邹铁鸾四位徒妹，又有三十六宫娥，五百女兵。24岁时，不料被她斩下的白蛇的头勾结鬼怪逃出作案，陈靖姑再去追杀，因已怀了三个月的孕，"堕胎落水，风寒侵入脏腹，未学救产之术，不能自救。割骨还父，割肉还母，只将指血咬出，弹送归还南海，遂坐蛇头而化"。一缕芳魂重回闾山，找到许真人，"再学救产扶胎之法"，学会之后仍住到临水宫，从此"凡有人间胎产，远近呼之必到拯救"。张果老知道她和四位徒妹脱凡，奏请天帝封陈靖姑为临水夫人。闽王则加封她为"崇福昭惠临水夫人"，赐临水宫额为"龙源庙"，又在她娘家居处另建行宫。从此民间又称她为"大奶"，救产祛痘，到处施惠。南宋某皇帝再加封她为"崇福昭惠慈济临水夫人"，赐匾"顺懿春秋"，命有司致祭。到淳祐年间又封过一次。《闽都别记》第一九四回总结，陈靖姑"无时不与国家救困扶危，消灾解难……现今福州城厢内外及各市镇，无处不建立临水夫人之庙宇，无家不供奉临水陈大奶之神像"。陈靖姑的崇拜几乎和妈祖相当。这样一位由观音大士的指血化成、遗传了大士救苦救难的基因的临水夫人陈靖姑，当然会受到弱势无助又缺医少药的农村居民的崇拜，但是，这位陈大奶怎么在楠溪江改称为陈十四娘娘，却找不到任何依据，只有一些人坚持这个说法。我们姑且采纳。

篁南宫在1964年被彻底拆光。黄南村的人，知道篁南宫是什么样子的，已经非常少了，我只找到了一位，很幸运，他记得相当详细。据他说，篁南宫三进两院，是这一带最大的房子。第一进大门屋有戏台，门开在戏台两侧。前院厢房左右各三间，正面是过厅，也有三间。后院厢房各五间，正殿也是五间。不计门屋，前后院一共24间。正殿中央奉祀陈十四娘娘娘，她是庙的正神。陈十四娘娘娘的塑像取坐姿，上方还有一尊观音菩萨的塑像。观音是陈十四娘娘的后台，是她的指血化胎育成了陈十四娘娘，所以现身在陈十四娘娘娘塑像的上方是理所当然的。

黄南村风雨桥

正神的左边有周氏娘娘、陈三妹、陈九妹。这位朋友的记忆大概不很准确，很可能是林九娘、李三娘、高雪梅和邹铁鸾四位"徒妹"。右侧有两位武将，叫wushi（巫师？）和panguan（判官？），但是，在所传临水夫人的伙伴里，并没有男性。再外侧，左边有土地公婆、杨三相公和吕纯阳。杨三相公就是那位风水大师，"江西人"杨筠松。既然迷信风水能决定人们的吉凶祸福，人们当然也会神化杨筠松。但吕纯阳在这里待着很有点儿尴尬，因为正是他的一茎白发化生为白蛇，又吃人，又跟陈靖姑打斗，弄得陈靖姑坠了胎。右边则是Qian La爷。这位Qian La爷是不是财神爷，已经弄不清楚了。再往外，两侧顺山墙放着一共十八尊罗汉，左右各九尊。这位朋友说罗汉像都很大，因为他还记得演戏的时候，小孩子们都爬到罗汉像身上去看，可以不被前面的大人们挡住视线。他对自己儿童时代看戏的充满乐趣的回忆应该是不会有错的，那么，他对罗汉们的位置的记忆就可能有错了。如果他们在大殿两侧，从那儿是看不到戏台的，我猜想他们大概是顺在过厅的山墙根。篁南宫门外，向左一溜儿排着九间房子，是造来专门给"六地"来进香或看戏的人住宿的。

篁南宫每年都要演三四次戏，一次大体持续半个月，甚至一个月。七月初七是必定要演戏的，为什么在牛郎织女的恩爱日子给陈十四娘娘演戏，谁也说不清。陈靖姑的诞辰是正月十五，福建人在这一天举办临水夫人的庙会，非常盛大，但篁南宫在这一天却毫无动静。这也是我对陈十四娘娘究竟是不是陈靖姑有所怀疑的原因之一。且说演戏时候，六村的人倾村而出，前来看热闹。林坑和上坳的老人们，说起当年夜戏散场后，各村的人点着火篾回家，条条山路上火光闪闪，像火龙翻山越岭蜿蜒地游动，那情景至今还教他们神采飞扬。篁南宫实际上是好大一方土地上的文化中心、娱乐中心，带给人们欢乐，给他们贫乏枯燥的生活抹上一笔终生难忘的记忆。这哪里是电视机能够替代的。可惜，1964年，为了要给供销社造房子，把篁南宫拆掉了。借口总是会有的，而且一定很堂皇。看看现在留在各村子里的老人们寡淡无味的日子，我真是心里难过。好在村人们顽强地纪念着篁南宫，把和它的遗址隔溪相望的崭新的居住点叫作"庙前"。我们经常见到，一些曾经权倾一时、说一不二的人物，到了年龄，走下宝座，便十分孤独，连打个招呼的人都很少。沟是他们自己挖的，墙是他们自己垒的，他们总会为得罪老百姓而付出代价。

在那本一百二十多万字的《闽都别记》里，有两处写到"白鹤"或者"白鹤大仙"。第四十四回写道：福建宁德深山有白鹤岭，"山之深处有一家十分华丽，如大神庙……说是白鹤仙府"。那里面住着一个"白鹤教主"，有四只大徒弟，二十多只小徒弟。他冒充吕纯阳，骗走了闽王一根千斤重的黄金梁，回去造金銮殿。闽王亲督官兵来剿，"忽墙内飞出刀剑如雨雹，伤死军士无数，外面乱箭射不过墙"。正在恼恨之间，陈靖姑前来助阵，在半空中斩了白鹤教主和四只大徒弟。另一只"白鹤"在第五十五回，故事简单得多。

那么，林坑的"白鹤大帝"庙祀主，是不是这位"白鹤教主"呢？"白鹤教主"的故事随着陈十四娘娘崇拜而传到楠溪江流域是完全可能的，由一个被陈十四娘娘斩了的"妖"而成为享人间香火的"大帝"也是可能的。中国民间的"淫祀"向来不分敌我，不分善恶。一部《封神演义》，阐教和截教斗得天昏地暗，死去活来，似乎有正义和非正义的区别，但后来"好人""坏人"统统都封了神。只要有点儿"异能"，会影响到老百姓生死的，不论是妖是怪，都可以列入神谱，坐进神龛，受人一拜。老百姓一向习惯于把自己看作最低等的，命运受各种外在力量的支配。他们只能对支配他们命运的力量无限信仰，无限崇拜。"白鹤教主"能变化，能升天，当然有资格成"神"，哪怕他吃人。大救星和妖魔鬼怪其实是差不多的。

# 屋舍俨然


　　林坑和黄南两村的建筑群空灵轻盈、开放亲切，上坳村的建筑群轮廓跌宕、节奏变化。三个村落的美都源于它们住宅的特点和住宅建筑群的布局特点。

　　林坑、上坳和黄南三村的住宅，大致为两类，一类是三合院（三面屋），一类是条形屋。1949年以前造的，以三合院为多，1950年代以后造的，则以条形屋为多，这是因为早期住宅大都是家长制大家庭造的，而且当时全村的住户少，还可以选择比较平缓的地段造房子；而后期的住宅是农业合作社或人民公社时期造的，以核心家庭为单位，由生产队统一拨地，集体建造，而且这时可以建房的地段已经很狭窄。

　　林坑的三合院比较多，1949年以前造的4座，1950年代造的3座，一共7座，都靠溪边，面向溪流。以后就都造在坡上，是条形的了。林坑三合院的院落，由于顺等高线布局，大多宽而浅，"坐实向虚"，背靠山坡，面对空阔。背后刨掉一点山体，前面先用蛮石垒一溜儿挡土墙，填上从后面刨下来的土石，形成房基地。基地进深不大，因此不管朝廷法度，一般是正房七间，前有檐廊，左右两端尽间大多用作厨房或杂务房，再各出一道朝向侧面的敞廊，用来堆放劈柴、箩筐之类和做些家务劳动。厢房只有一两间，前有檐廊，檐柱和正房的左二柱、右二柱对齐。院子很宽敞，前面没有院墙遮挡，完全敞开。雷埕下朝南的一座，厢房只有一间，檐柱甚至再后退半间，外侧面取齐之后，正房尽头的一溜儿房子加宽成了一间房间，正房便有了九间。院子更加爽朗，以致几乎不再能称为"合院"。厢房尽端接近了房基地前的挡土墙，在这个间隙里设院门，于是盖了披檐而成为廊道。为了安全，外侧设栏杆，既有了栏杆，索性做成美人靠，不但房子更加空透玲珑，而且老人、妇女和儿童都爱倚坐在这里眺望，视野笼罩整个盆地。

上坳只有三座三合院，都是1949年以前造的。两座面东，一座面北，三座连成一串。它们和林坑的不同，比较封闭而内向。虽然院子的三面也都是檐廊，但院子的宽度小，正房只有五开间加左右尽端外侧的廊子，厢房的前金柱和正房的左二柱、右二柱对齐，而檐柱向前挤半间，对着正房次间的中央。这院子就很窄了。加以两侧厢房有四间或者再加半间楼梯间，以致院子深度有宽度的一倍半到两倍。上坳和林坑两村相距不到一公里，同一个祠堂祭祖，住宅形制有这样大的差异，是因为上坳村的地段是山水之间很窄的一条，没有宽松一下的余地。由于地段狭窄而平坦，房子密度大，为了减少干扰，院子前面用一堵蛮石砌筑的矮墙略挡一挡，防鸡鸭猪狗乱窜。

黄南村只有一座三合院，院周边也是三面檐廊，在村子的东北角上，向东。地势很高，南半座院子都是填起来的，大块蛮石垒成四五米高的挡土墙，给村子的入口造成十分雄伟的气概。由于房基地逼促，内院的宽度和上坳村的相仿，不过厢房只有三间，而且北侧的厢房尽端还有一道向前的廊子，所以又比上坳的稍微开朗一些。更何况向前望去，是山谷，是溪流，是满山的竹林，那境界又比林坑的更宏阔。

条形的住宅，都有前檐廊，大多两个尽间向前凸出一步截住廊子。开间数多少不等，1950年代以后造房子没有什么规矩，黄南村高处有一幢十开间的，上坳村东端的一幢长达十四开间，东端又向北拐了两间出去，村西端的一幢长九开间，在东端向北拐出一间。林坑村中央一幢条形住宅，1960年代造的，六开间，位于村里两条东西向的上坡小道之间，因此把前檐廊作为公共过道，两端尽间不凸前，而且因为它的房基比前面的高很多，沿外侧设一溜儿美人靠。美人靠上视野开阔，郁郁葱葱的乌梅树坪和蜿蜒的溪坑都在图画之中，这里就成了村人休闲聊天的好场所。

黄南村的住宅，变体比较多，有曲尺形的，有正侧两面设廊的。村中央旧潘丹轩的老宅子，南端向东凸出两间，北端向西凸出一间，不规则。擅长剪纸的老太太成天坐在西檐下的后门口。这样的房子，明显是经过改动的。林坑村雷垱下有一幢上百年的老房子，原是条形的五开间，向西，格局很规矩，后来向南扩大了一间，再加一排敞廊，朝向大坑，但这扩大的部分没有做板壁装修，楼上楼下整个敞开着，非常通透。恰好它西边紧邻幢老房子，叫"老堂屋"的，也在南端扩充了一大间而还没有用板壁隔断，并且把结构扭转了九十度，变成以三间正面朝南。这两幢房子的南部一齐从大坑和南坑的交汇点升起，下面是大约七八米高的蛮石墙，上面是轻巧的木构架和敞朗的建筑空间，面对进村的来路。经常有老人坐在美人靠上闲聊家常，孩子们缠在爷爷膝前撒欢。他们给林坑增添了温馨的魅力。林坑的"祠堂外"也有几幢20世纪70年代建造的很轻盈的条形建筑，虽然建筑间距比较小，但其中两幢前后都有檐廊，有两幢朝南的房子的东端两间也没有用板壁间隔装修，只矗立着空架子。房子不古但被风雨打扮得很苍老，在林坑的入口处给来人非常强烈的沧桑感，引发人们联翩的幻想：它们的身后将是什么样的村落呢，是桃花源还是烂柯山？或许是刘晨、阮肇的天台仙境！

所有传统式样的房子都是两层的。中规中矩的老三合院，楼梯大多在堂屋的太师壁后面，紧贴着太师壁，也有把楼梯造在正房与厢房之间的廊子里的，还有的在正房两端设楼梯间，占用了那里常有的敞廊。

房子的总进深很大，楼下连前面的檐廊和后面的披厦一共有十一二米，分前后间。后墙也用板壁，开窗，整幢房子没有封闭的外墙。有的房子楼上也有前廊，却退在大金柱和小金柱之间，又少了披厦那一间，总进深小了，所以不分前后间。本来楼上并不住人，只储存杂物，近来有几家利用楼上房间开客栈，供旅游者和来写生的美术学校学生住宿。

楼下正中为堂屋，在后大金柱位置设太师壁，把堂屋分为前后堂。有些房子，厨房在后堂一侧的次间，用餐在后堂。前堂多少还有一点儿"仪式空间"的正经，但是，在这几个一向偏僻的、贫困的、上层文化影响比较虚弱的山村里，前堂大概从来没有过楠溪江中游村落里那种比较庄重的气氛。太师壁也很简单，村人们一般只叫它"板壁"，并没有尊称，我们为了说起来方便，才叫它"太师壁"。壁上倒也贴几张喜庆的画，过年时候贴，到下次过年才换，因此常常是破破烂烂的。大多人家在前堂里放石磨、酒瓮、粮缸之类，2002年秋天，我们去的时候，堂屋地上堆满了刚刚刨回来的番薯。下雨了，把晒在外面的柿饼笪箩端进来搁在番薯堆上。日常起居多在檐廊下，孩子们拿凳子当桌子做功课，老人们放几把竹躺椅，看山前风光旖旎，听梁上紫燕呢喃，很有情趣。勤快人家，檐廊过去是纺纱、织布的场所，现在林坑还有一家老太太用老式布机织土布，卖给游客。

　　这三个村子的房屋的重要特点之一是多敞廊，前面有，左右有，后面偶然也会有。院内有，院外还有。敞廊提供了多种生活空间，家家户户把生活场景赤裸裸袒露在人们眼前，毫不遮掩防卫，一来是因为血缘村落彼此都是叔伯兄弟，二来是因为低水平的山林经济，大家过着相同的简单日子，三来是因为山民的淳朴坦荡的性格。敞廊也接纳了优美的自然景色，使房屋和环境相互渗透，显然，祖祖辈辈建造这样的房子的山民们，对自然的美绝不是无动于衷的。家家在廊子放几盆兰花便是明证。开敞的住宅使每一个陌生人一来到便觉得受到信任和欢迎，因此教人觉得整个村子都和蔼可亲。

　　梁架也是抬梁式和穿斗式混合，用料一般很细，但正房和厢房的几棵前檐柱，观瞻所系，用料比较粗，比较直。屋顶的前后坡都有举折，呈曲面。正脊呈下沉的曲线，非常优雅。前有檐廊，后有披厦，所以前后都有腰檐。因此山墙面的构图很丰富，而且也做一条腰檐，呼应前后腰檐，但并不和它们连接。有几幢房子，前后腰檐还在山墙外边做一小段后坡，搭在山墙腰檐之上。山墙腰檐之下常有敞廊，拦着美人靠，楼上的山墙，则是白粉壁勾勒深色的木构架，加上一个窗洞，图案感很强。四面都出腰檐，是为了保护板壁，少受一点儿雨淋日晒，夏天炎热，住在屋里的人也会觉得凉快一些。这样的房子，从正面看，长长的正脊微微弯曲，带出一条黛青色的瓦顶，两端一边一个山墙，微微弯曲的屋坡也和正脊呼应。它们白粉壁烘托出的梁架，则呼应着正面和侧面的敞廊，更以灵巧甚至妩媚的图案，响应着院子里宁静祥和的农家气息。这轻盈的木构屋身，往下便是大块蛮石砌筑的高高的基墙，粗犷刚强，深藏着无穷的力量，就好像一幕双人芭蕾舞，健壮的王子托起纤美灵巧的天鹅姑娘。基墙石缝里长着些灌木和野花，更显出王子的柔情脉脉。房子前面是溪流，清凌凌的水活泼地冲激着岿然不动的岩石；房子后面是山冈，挺拔冲天的苍松荫蔽着轻摆细腰的翠竹，阴阳和合、刚柔相济，创造出普遍的美。

给房子再增加几分玲珑、几分变化和几分乖巧生气的，是它们的晒架。从二楼窗台的位置，也就是从腰檐后根的枋子上，疏朗地平伸出一排杉木杆，参参差差，并不十分整齐。柿子、薯条和留种的谷穗，盛在圆形的大笸箩里，架在杉木杆上晾晒。用一根小棍子，推推拉拉，便可以拨弄笸箩在杆子上前后滑动。也有少数人家，用比较长而整齐的杉木杆，探出腰檐檐口，前端支在两棵柱子搭起的一根横梁上。圆形的笸箩盛着红的、紫的、白的作物，一个挨一个，架在一排杉木杆子上，形成很有灵气的构图。有一天，我坐在一家檐廊里休息，抬头一望，杉木杆上只垫一层很稀疏的细竹帘，纤纤的面条在上面散开，像流云盘绕，阳光洒透过来，朦朦胧胧，似迷似幻，宋人词中吟咏帘栊的艳句，轻纱倩影，一起涌上心头，梦一样的境界。

1949年以前的老房子，工料都比较精致，而以李家坑的为最考究。前檐装修都用格扇，格心以直棂为多，叫"顺顺当当"或者"风调雨顺"，很吉利。少数用步步锦。天头和腰板都有浮雕，题材比较简单，大多不过是一束卷草而已。少数有人物楼台的，已经在"文化大革命"中被砍削得惨不忍睹了。檐廊架二步梁，大多是月梁，曲线优美，两端下面安着蝉腹状的梁托。上面用坐斗架两根檩子，其间再搭一根小月梁。顶子作覆斗轩。檐柱顶上有坐斗，向左右和前方各出一挑斗栱，向左右的托着檐檩，向前的托着一副蚂蚱头，头上架挑檐檩。凡厢房的前檐柱不和正房的前檐柱正对的，则双方檐枋搭接处必用垂花柱。这一套做法很精致，大体合乎清代大木规矩。连更深幽的山顶小村理只和岩门下，我们去看，虽然石墙采用"仙居式"的砌筑法，石块近于扁方，成行竖砌，但梁架居然也如此这般。那种一丝不苟地经营家园的心意，真教我感动。理只村一座早期聚族而居的大屋，竟是三间阔、九间长的大四合院。当年上层文化对下层社会的渗透力，也着实教我吃惊，正像我十多年前在只有几户人家的山村岩龙见到宗祠前的进士旗杆一样。1949年以后这些村子里造的新房子，虽然直到90年代末，都完全按照传统式样，但那些精致的加工都没有了。没有了倒也好，房子更朴实清淡，更纯洁本真了。可惜这几座房子里，有些不再使用天然的蛮石做基墙，改用加工过的大小相同略近于方形的石块，砌体表面平整，缝隙很小，完全没有蛮石墙的光影和体积变化，因而也没有了雕塑感和雄健的力量，也因为失去了千万年风化造成的蛮石斑驳温暖的表层而呈死板的青灰。林坑村的中心，对全村景观起关键作用的位置上，就迎面高高垒起这样一堵墙。2002年一场暴雨，把林坑村大坑北岸"老堂屋"下七八米高的蛮石护岸冲塌了，我非常担心村人们会用那种"新式"的方法重垒。2003年春季我再去林坑，怀着不安的心情去看它，很好，好极了，重造的护岸墙全用原来的蛮石修复，依然那么粗犷，依然像和那山那溪一同生成于千百万年之前。我舒一口气，望着它脚下又一场大雨后的汹涌洪流，发出震天动地的巨响，扑向它，碎成雪白的飞沫。我想起了盘古氏。有些农村建筑，堆砌着无数的木雕、砖雕、石雕，越雕越烦琐，越雕越累赘，越雕越柔弱，现在却被人翻来覆去地欣赏，我们的艺术趣味中失去了大气、真气、刚气。这个过程似乎和我们民族二百年来的命运一致。我多么希望在我们的文化中再现那种大气、真气、刚气。我相信创造出盘古氏故事的民族，绝不至于失去那种能开天辟地的英雄力量。

在楠溪江中游的村子里，许多住宅有一种文士气味很浓的门额，例如"枕琴庐""近云山舍""松风水月"之类，再配着一副雅逸潇洒的门联。即使在陕西、甘肃边界的黄土高原上，那些窑洞院落的柴门上，也题着"德为邻""和为贵"这样表达善意的门额或者"克勤克俭家风，为仁为德性情"这样自我绳勉的门联。然而在林坑、上坳和黄南，以及我们所到的楠溪江上游其他的村落里，竟没有见到一点儿门额门联的踪迹。山里人活得本色，活得厚道。他们本来就拙于言辞，更没有要把自己的品性修养和生活态度写出来装点门楣。都是乡里乡亲，一颦一笑就够了；人嘛，就这样做；日子嘛，就这样过。人们这样的心理，这样的性情，他们的住宅建筑也就有一种神定气闲的清爽，这就是建筑的风格。

林坑、上坳、黄南的日用家具有很大一部分是竹制的。除了箬篓、筐、礼盒之类的盛器之外，椅子、床榻、茶几等，都不用篾条编织，而使用竹筒和竹片，十分简洁大方。其实，这些家具的造型都很讲究，不但舒适、凉快、易于清洁，结构工艺上巧妙地利用了竹子的天然特性，而且明快有力、比例和谐，浑圆的竹筒和扁平的竹片搭配得很恰当。它们见证着山民们智慧和审美力的高水平。

有一天，坐到林坑村前任党支部书记家的灶头边吃烤番薯，他邀我上楼去看，能不能改造一下办个客店，好在旅游季节弄点儿收入。我忽然眼睛一亮，在一大堆乱七八糟的东西里发现了几个朱漆的礼盒、针线盒、点心盒之类的东西，很小巧可爱。我拿到楼下，弄一盆水，擦洗干净，发现有些还装饰着金漆画或者薄薄的漆雕，华丽精致。这些东西和这整个村子似乎很不协调。书记告诉我，这是他祖母的嫁妆。书记是因为年纪过了六十岁而退下来的，那么，这些嫁妆大约是一百年前的东西了。一百年前，这个林区小山村，只有几十个人，还都沉浸在对焦岩爷和白鹤大帝的崇拜里，主要靠竹木为生，粮食不够吃，到沙头卖掉桐油籽之后到乐清去买一担大米挑回来，要走三天山路。但儿女婚嫁，竟会这样认真，细一想，这些嫁妆，和那些斗栱和雕花腰板一样，都是一种表记，显示出山民们对自己和配偶的尊重，对生活的热爱，对未来的向往。一座房子，一场婚姻，大概会耗尽他们家族全部的积蓄，但他们心甘情愿，这是他们为人一生的尊严所系。有时候，会觉得这样做有点儿迂，不很合理，但贫而不移其志，也是很动人的。何况，山区自然式的生活，大概积蓄也没有其他的用途。用煤油灯代替竹篾，这样的进步在山村里未必有多大的意义。

现在，自然的生活方式已经打破，桃花源的幻境破灭了，年轻的人们走出山林，走遍中国。在楠溪江汇入瓯江的地方，竖立着一尊洁白的谢灵运的塑像，宽带当风，昂首远眺。不过，不知为什么，设计人让谢灵运眺望着江对岸的温州市，那里沸腾着现代文明，而在他的身后，才是酝酿了中国第一批山水诗的楠溪江。或许，塑像的这种安排，正是为了刻画当今楠溪江村民的向往和走向？但愿新的生活能带来新的观念，进一步祝他们走得更快、更有力。

# 后记

　　2002年深秋，应永嘉县负责同志的邀请，我们到黄南乡三个山村工作，包括调查访问、测绘和摄影，还做了三村的保护规划。陈志华主要搞调查访问和写作，楼庆西主要负责摄影，李秋香主要做保护规划并且指导学生测绘。参加测绘的同学是赵星华、蔡沁文、王喆、李磊、黄妙艳、于立彬、黄轶秦和韩国的刘起周，他们每个人都还要写一份调查报告，作为大学本科的毕业论文。

　　工作是很愉快的，但也有难处。对调查访问的人来说，语言不通是第一大难，闹出许多笑话。县里的朋友们叫我们分辨"吃吃嬉嬉看看戏"几个字的发音，我们满嘴哧哧作响，都不及格。据说，在一次边境战争中，所有的通讯密码都被对手破译了，情急之下，就找永嘉籍的战士去通话，慢慢道来，对手居然毫无办法。第二难更奇怪，村里的人似乎对身边发生的一切都不大有兴趣，一百来人的小村子，造了一条50米长的钢筋混凝土大桥，这样可以"载入史册"的要事，村里竟没有人能准确记得发生在哪一年了。老人说，就是我孙子跌一跤掉了两颗门牙的那一年；中年人说，就是我在苞谷地里捉到一只野兔的那一年；青年人说，那年我第一次出去打工，跟表哥去的。这是他们的纪年方式。跌跤、捉野兔、打工是哪一年的事呢？这样的问题他们觉得可笑，问多了就不理不睬。其实呢？桥是1995年造的，不过七年前的"旧"事罢了。

至于十年、二十年前的事，那就"云里来、雾里去"了。中国人古代用干支纪年，大概是因为人们很少有活过六十岁的，真龙天子坐金銮殿也不大能超过六十年，并没有多大的麻烦。山民们用那样个人化的纪年方式，大概是在他们平静、单调、一年又一年地春种秋收的生活中，只有这些事有点儿不寻常，值得记忆。跟他们的生活没有直接关系的"历史"，他们何必惦记着呢？我想起了龙骨水车上的那几个字："五日一风，十日一雨，帝力于我何有哉？"帝力于他们无所谓，谁做皇帝又有什么关系呢？连谁做"天子"都无所谓，还有别的什么事要关心呢？当然，这些都是过去的情况了，但唯其过去，所以具有千百年习惯形成的惰力，不是一两代人能完全消解的。乡民们记年龄，至今还只记生肖，需要数字化的时候，要掐着手指头现算。我问一个从外地打工回来过冬的小青年，他有几个兄弟，他竟弄不清该不该把叔伯兄弟一齐算进去。一位七十几岁的人，过去还担任过几年公职，当我问他焦岩爷和白鹤大帝的出身时，回答得很有意思：白鹤大帝好比村长，焦岩爷好比书记。村里人的名字，好像只有三个音，字嘛，随便怎么写。是"前"、是"钱"还是"乾"？回答是：都可以吧！大家都有兴趣的事只有一件，那便是上坳村四面屋基救皇太后的憨汉的故事，但每一个人有自己的一个底本，最离谱的是说这位宋代的武状元叫尉迟恭。

2003年元旦一过，就着手写文稿，左思右想，难以下笔。有一天，忽然仿佛开了窍，原来所以觉得难写，是思想有束缚。什么束缚？老模式的束缚！我一向主张，应该随对象的不同而采取相应的写作方法，不要落在套子里。但是，这一次，和过去工作过的对象相比，变异太大了，有那么多不确实，有那么多空白。一向认为必须写的东西，这次没有完整的材料，可以不写吗？这次得到的材料，零碎而粗糙，有些甚至荒诞无稽，值得写吗，意义何在呢？愁了两天，我才明白，这些疑问其实都来自过去的模式。我在写楠溪江中游古村落的调研报告的时候，虽然是第一次，却从来没有怀疑过、动摇过，因为我觉得我摸到了那里的乡土建筑和它们文化背景的关系。现在回想起来，那些文化背景，其实都是以在乡文人为代表的。我写的，是渗透到乡土生活中去的士人文化。而这次调查的楠溪江上游村落，士人文化的渗透虽然还有，但已经很淡薄，更浓郁的是山民们原汁原味的民俗文化，很朴野，没有中游那种文质彬彬的气息。没有那么系统、完整。感到写作困难，就是因为不知不觉总想把民俗文化写得系统一些、完整一些，或者还想写得稍稍高雅一些，少一些粗俗。这困难是在调查的时候便种下的，对有些近于滑稽或者很滑稽的传说，让它们在耳边擦过，连笔记都没有。当我觉悟到我的错误的时候，我明白，山乡建筑的文化环境，就是朴野的民俗文化，甚至会有点儿荒诞的东西，而这正是我应该写的。写这些民俗文化，才是真实的，只有它们才反映山乡村民的生活面貌。我不应该追求什么别的。于是，2003年初春，我又独自一个人到林坑住了几天，再访问了一遍三村的老朋友们。这一次是有闻必录。不过，回来重写文稿，困难还是有的，那就是民俗文化写得还不够丰富。这就和住下的时间远不够长，又听不懂山民们的话，以及山民们所知的确实不多并且拙于言辞有关系了。有一位朋友说，你要是早几年来就好了，我爷爷什么都知道。来晚了，来晚了，这是我们十几年来每到一个村子都会有的遗憾。

再写的时候，本来是想把历来士人文化中虚构的田园之乐和现实生活对照起来写的，写着写着就偏离了这个构思，后来也就不再去重整了。那种构思显然也会妨碍写作的顺畅、自然和真实。

这文稿是在传染性非典型肺炎严重流行的时候写的，心情不很稳定，过一会儿就去打开电视看看有关的节目，断断续续，思想难以一贯，难以深入，甚至会丢三落四。桃花源式的田园生活幻想和现实生活的对照，也是在这种情况下被偏离了的。开头已经写了的，就留着，随它去罢。

摄影也遇到些困难，2002年11月，阴雨天太多。楼庆西在2003年4月又去了一趟，天气还是不够理想。跑几千里路去摄影，不可能春夏秋冬、阴晴雨雪都照顾到，婚丧嫁娶、生老病死等等生活的方方面面也难以都包容进来，而只能碰到什么照什么。楼庆西也已年过七十，我们早

林坑村廊桥（李玉祥 摄）

就劝阻他爬山上树了。补充了李秋香和学生们拍的一些照片。大家拍，镜头自然抓得多一些。

李秋香主持测绘，负责制定保护规划。永嘉县的负责同志决心保护这几个村子，非常及时，它们确实有特殊的价值。保护它们没有很大的困难，上坳和黄南已经另建新区，这是关键，大大有利于保护，只是林坑的新区很难确定，最理想的当然是在贯彻中央建设小城镇改造农业结构的决策时把林坑的人口调整一些到小镇上去，再加上有敷余房基地和房子的人从全局、从长远着眼，大家互利合作一下。如果政策不到位，措施不力，村人只顾眼前私利，那么，林坑的前途就很难说了，那不是一份保护规划所能解决的问题。

利用山村的条件，搞旅游、搞休闲度假，以增加村民们的收入，当然很好。但办这些事要有细致的统筹，不能"人自为战"，甚至发展成恶性竞争。否则，旅游业损坏了旅游资源，而且也毁了珍贵的历史文化遗产，那是自绝生路。所谓旅游资源，就是那"世外桃源"的情趣，所谓历史文化遗产，就是那原汁原味农耕时代的山区古村。

学生们人人情绪饱满，觉得这样一次难得的经历将终生不会忘记。在建筑系读了四年半书，兴奋点一直停留在纽约世贸大厦和北京奥运会场馆之类的大型公共建筑上，熟悉的是高迪、库哈斯和贝聿铭。一下子来到深山小村，看到了从来没有看到过的生活，听到了从来没有听到过的故事，双手抚摸着由二三百年前的山民们建造又庇护过多少代山民的房子，他们也是百感交集。山村的美享受不尽，晚饭后看图的时候一桌子的柚子、柿饼和花生也享受不尽，都是大叔大婶们塞进他们口袋里的。第二年我再到村里，人们还不断问起那高高的、那胖胖的学生们。我希望他们这一辈子永远记得山乡里还生活着那么多的朋友。

此刻，一场突发的"非典"灾难正袭击着我们刚刚繁荣起来的祖国。学校处在封闭的状态下，大家心情都很紧张，但我的学生们仍然镇定而认真地写他们的毕业论文，准时到工作室画图，到图书馆查阅资料。我不能天天见到他们，很挂念他们，只好给他们一个个打电话，听他们一声"平安"。

2003年5月10日

**图书在版编目（CIP）数据**

乡土中国：楠溪江中游乡土建筑、楠溪江中游古村落、诸葛村、婺源、关麓村、楼下村、张壁村、俞源村、碛口、福宝场、楠溪江上游古村落 / 陈志华著 .—北京：商务印书馆，2021
（陈志华文集）
ISBN 978-7-100-19864-6

Ⅰ.①乡⋯　Ⅱ.①陈⋯　Ⅲ.①乡村—建筑艺术—永嘉县—文集　Ⅳ.① TU-862

中国版本图书馆 CIP 数据核字（2021）第 071926 号

陈志华文集
乡土中国：楠溪江中游乡土建筑、
楠溪江中游古村落、诸葛村、婺源、关麓村、楼下村、
张壁村、俞源村、碛口、福宝场、楠溪江上游古村落
陈志华　著

商 务 印 书 馆 出 版
（北京王府井大街 36 号　邮政编码 100710）
商 务 印 书 馆 发 行
北京中科印刷有限公司印刷
ISBN 978-7-100-19864-6

2021 年 10 月第 1 版　　　　开本 720×1000　1/16
2021 年 10 月北京第 1 次印刷　印张 80½
定价：438.00 元